计算机网络实验指导

肖继海　编著

中国纺织出版社有限公司

内 容 提 要

《计算机网络实验指导》共包括25个实验项目，每个实验项目涵盖实验目的、实验设备及工具、实验原理、任务要求、实验拓扑图、实验步骤、思考与动手。实验原理简明扼要，实验步骤详细，使读者能够更快速、更直观、更深刻地掌握相关的知识。全书内容涵盖必要的网络原理、实用的组网技术，能切实培养和提高学生的实践操作技能，增强实战经验。本书所有实验是在华为企业网络仿真工具平台（eNSP）上完成，也可在真实的华为网络设备上进行。

本书适合作为普通高等学校计算机信息类专业的计算机网络基础、计算机网络管理等课程的实验教材，也可供从事计算机网络工作的工程技术人员和准备参加全国计算机技术与软件专业技术资格（水平）考试的考生学习参考。

图书在版编目（CIP）数据

计算机网络实验指导 / 肖继海编著. -- 北京：中国纺织出版社有限公司，2021.11

ISBN 978-7-5180-9006-8

Ⅰ.①计… Ⅱ.①肖… Ⅲ.①计算机网络–实验–高等学校–教学参考资料 Ⅳ.①TP393-33

中国版本图书馆CIP数据核字（2021）第209742号

责任编辑：宗 静　　特约编辑：曹昌虹
责任校对：王花妮　　责任印制：王艳丽

中国纺织出版社有限公司出版发行
地址：北京市朝阳区百子湾东里 A407 号楼　邮政编码：100124
销售电话：010—67004422　传真：010—87155801
http: //www.c-textilep.com
官方微博 http: //weibo.com/2119887771
三河市宏盛印务有限公司印刷　各地新华书店经销
2021 年 11 月第 1 版第 1 次印刷
开本：710 × 1000　1/16　印张：13
字数：213 千字　定价：88.00 元

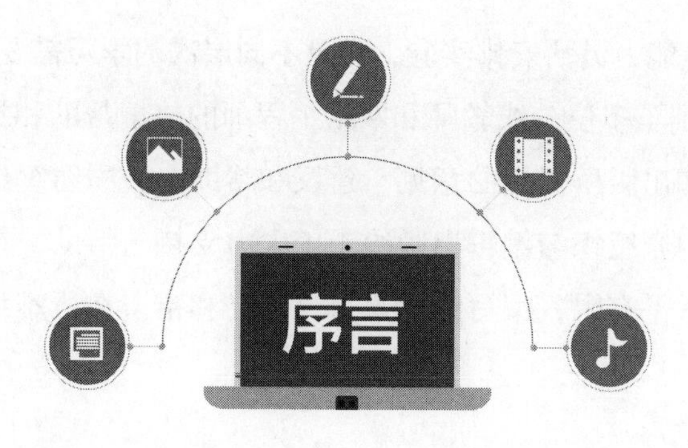

计算机网络课程有很强的实践性，但在教学过程中通常重视理论知识的学习，忽视网络技术的实践，况且实践的课时往往安排的相对比较少，造成理论学习与工程实践脱节，因而无法深入理解各章节中的原理与内容，不能掌握网络设计与配置的基本方法，体会不到网络协议或技术应用的效果，不能融会贯通各章节的内容，从而无法建立完整的网络理论体系。

本书编者长期从事计算机网络工程实践与实验教辅工作。近年来，紧跟网络技术的发展，不断努力探索如何将工程实践与理论教学有效融合，期望通过实验教学方法，使学生巩固理论知识学习成果，提升运用知识和解决实际问题的能力，能够学到真本领和真技术。为此，编者根据教学计划和课程设计需要，结合多年的工程实践经验编写了本书。

本书基本上也是按照网络层次先后顺序编写，从物理层、数据链路层、网络层、传输层、应用层，本着由易到难、由简单到复杂的客观规律按知识点安排实验，每个实验突出一个知识点，简明扼要介绍实验用到的基本原理和背景知识，给出详细的实验步骤，提供完整的实验代码，易于学生独立完成，即使在实验课堂上未能完成的实验，学生在课后也可按照教材给出的实验步骤完成。

本书实验内容丰富，共安排了25个实验，每个实验都经过实践检验，都能顺畅执行。大部分实验运用了网络抓包协议分析方法，帮助学生理解网络协议原理，培养、锻炼学生的设计、配置和分析能力。

本书实验基于华为设备，符合当前主流网络技术市场和网络系统建设需求。所有实验均在华为企业网络仿真工具平台（eNSP）上完成，也可在真实华为网络设备上完成。

由于不同院校、不同专业的计算机网络课程教学大纲、课时安排、实验设备及条件不尽相同，希望使用本书的教师或读者从实际出发，在实验项目上有所取舍，根据实际教学内容或学生能力灵活安排实验，满足不同层次的学习需要。

本书的编写得到了多位一线教师和网络工程师的热情帮助和指导，特别感谢崔晓红博士对本书编写和出版所提供的意见、建议和帮助。中国纺织出版社有限公司的宗静等同志对本书的内容组织与编辑出版给予了大力支持与帮助，在此向大家表示诚挚的感谢。由于编者水平有限，编写时间紧迫，不足和错误在所难免，恳请专家和广大读者批评指正。

作者

2021年3月

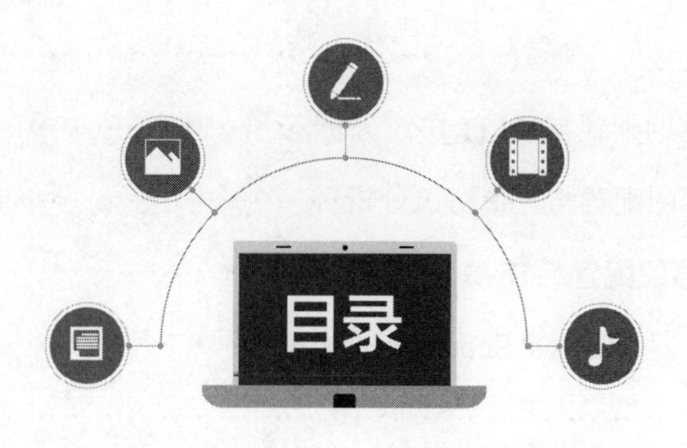
目录

实验1　双绞线制作

一、实验目的

（1）了解双绞线的分类标准。

（2）掌握双绞线的制作方法。

（3）掌握网络测线仪（寻线仪）的使用方法。

二、实验设备及工具

双绞线，压线钳，RJ—45连接头（水晶头），网络测线仪（寻线仪）。

三、实验原理（背景知识）

双绞线TP（Twisted Pair）是由两根具有绝缘保护层的铜导线组成。把两根绝缘铜导线按一定密度互相绞在一起，每一根导线在传输中辐射出来的电波会被另一根线上发出的电波抵消，有效降低信号干扰的程度。

根据有无屏蔽层，双绞线分为屏蔽双绞线STP（Shielded Twisted Pair）与非屏蔽双绞线UTP（Unshielded Twisted Pair）。屏蔽双绞线在双绞线与外层绝缘封套之间有一个金属屏蔽层。非屏蔽双绞线无金属屏蔽层，由四对不同颜色的传输线组成，广泛应用于以太网络和电话线中。

双绞线常见的有五类线、超五类线以及六类线，前者线径细而后者线径粗。如常用的五类线和六类线，则在线的外皮上标注为CAT 5、CAT 6。如果是改进版，就按xe方式标注，如超五类线就标注为CAT.5e，超5类线主要用于千兆位以太网。

在双绞线标准中应用最广的是ANSI/EIA/TIA—568A（简称T568A）和ANSI/EIA/TIA—568B（简称T568B）。这两个标准最主要的不同就是芯线序列的不同，在实际的网络工程施工中较多采用T568B标准。T568B的线序定义见表1-1，根据T568B标准，RJ—45连接头有8个触点，其中1、2用于发送，3、6用于接收。

表1-1　T586B标准线序

橙白	橙	绿白	蓝	蓝白	绿	棕白	棕
1	2	3	4	5	6	7	8

四、实验任务及要求

按照T586B的线序标准，亲手制作一根直通双绞线，并使用网络测线仪（寻线仪）来测试网线的连通性。

五、实验步骤

步骤1：准备好网线、压线钳、网络测线仪（寻线仪）、水晶头，其中网络测线仪如图1–1所示，网络寻线仪如图1–2所示。

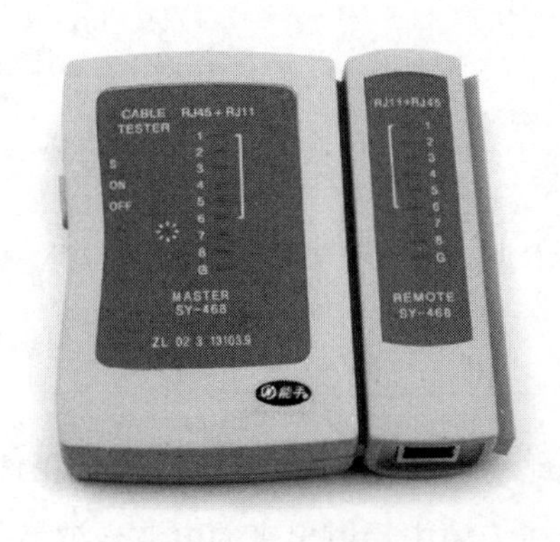

图1-1　网络测线仪

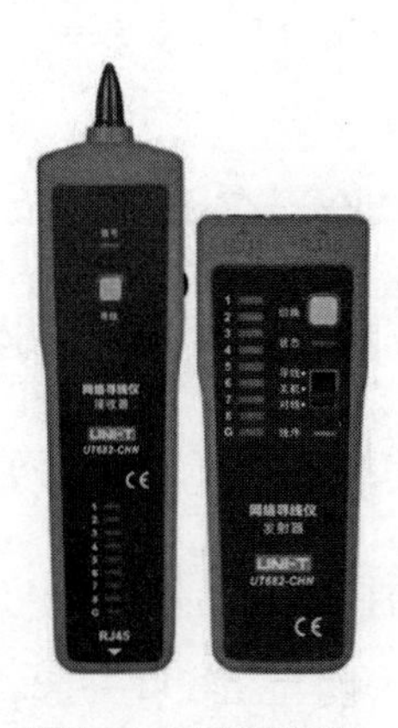

图1-2　网络寻线仪

步骤2：剥皮。使用压线钳将网线一端去掉外皮，切记不可太短，3cm最为合适。

步骤3：捋直。将线的两端都去皮后，可以看到四对双绞线，分别有橙白、橙、绿白、绿、蓝白、蓝、棕白、棕8根线，把绞在一起的线分别捋直。

步骤4：排线。按照T586B线序要求，将8根线从左到右平行排列好，并用拇指指甲压住导线，导线间不留空隙。

步骤5：剪齐。将排好线序的双绞线用压线钳剪断，注意露在外面的导线长度不可太长也不可太短，留的长度恰好使电缆线的外保护层最后应能够被RJ—45水晶头内的凹陷处压实。

步骤6：插线。将剪断的导线插入RJ—45水晶头，导线要插到水晶头底部，需要注意水晶头的引脚序号，有金属压片的一面朝上，从左至右引脚序号分别是1~8。

步骤7：压线。确认线序正确后，使用压线钳进行压线，用力压紧。水晶头的8个针脚接触点就刺穿导线的绝缘层，与8根导线紧紧地压接在一起。

步骤8：按照同样的办法将双绞线的另一头做好。

步骤9：测线。最后用测线仪测试网线和水晶头是否连接好，如果两组指示灯按照1~8顺序点亮，则表示双绞线制作成功。

六、思考·动手

（1）双绞线有4对导线，为什么每对导线要相互缠绕在一起？

（2）T586A和T586B的线序有何不同？

（3）直通线和交叉线分别用于哪些场合？

（4）尝试做一根交叉线，并在实际环境中测试一下。

（5）有条件的情况下，尝试使用寻线仪来寻线。

实验2　子网划分与子网掩码

一、实验目的

（1）掌握子网掩码的计算方法。
（2）了解网关的作用。
（3）了解华为企业网络仿真平台（eNSP）软件的使用。

二、实验设备及工具

华为S5700交换机1台，个人计算机（Personal Computer，简称PC）4台。

三、实验原理（背景知识）

1．子网掩码

子网掩码是一个网络或一个子网的重要属性，其作用就是将某个IP地址划分成网络地址和主机地址两部分。掩码运算是从一个IP地址中提取网络地址的过程。根据互联网标准协议RFC 950文档，子网号、主机号不允许是全0或全1，主机号全0表示子网地址；主机号全1表示子网广播地址。但随着无分类域间路由选择CIDR的广泛使用，现在全0和全1的子网号也可以使用。

子网掩码不能单独存在，必须结合IP地址一起使用。通过子网掩码，可以看出有多少位是网络号，有多少位是主机号；通过子网掩码，可以判断两个IP地址是否属于同一个网络。

2．网关

按照不同的分类标准，网关也有很多种。TCP/IP协议里的网关是最常用的，本书所讲的“网关”均指TCP/IP协议下的网关。那么网关到底是什么呢？

网关实质上是一个网络通向其他网络的IP地址。比如，有网络A和网络B，网络A的IP地址范围为192.168.1.1~192.168.1.254，子网掩码为255.255.255.0；网络B的

IP地址范围为192.168.2.1~192.168.2.254，子网掩码为255.255.255.0。在没有路由器的情况下，两个网络之间是不能进行TCP/IP通信的，即使是两个网络连接在同一台交换机上。

而要实现这两个网络之间的通信，则必须通过网关。如果网络A中的主机发现数据包的目的主机不在本地网络中，就把数据包转发给它自己的网关，再由网关转发给网络B的网关，网络B的网关再转发给网络B的某个主机。

因此，只有设置好网关的IP地址，才能实现不同网络之间的相互通信。那么，这个网关IP地址是哪台机器的IP地址呢？网关的IP地址是具有路由功能设备的IP地址，具有路由功能的设备有三层交换机、路由器或启用了路由协议的服务器。

四、实验任务及要求

给定一个C类网络192.168.1.0/24地址，要在其中划分出3个60台主机的网段和2个30台主机的网段，则子网地址段如何划分？子网掩码应该是什么？

五、实验拓扑图

子网划分如图2-1所示。

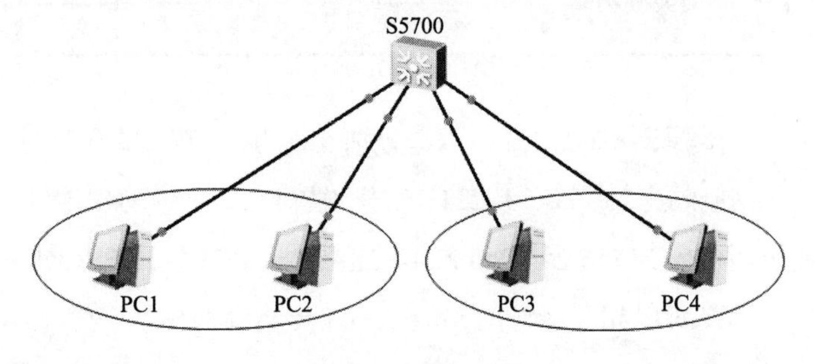

图2-1 子网划分

六、实验步骤

步骤1：启动所有设备。

步骤2：对于给定一个C类网络192.168.1.0/24地址，要在其中划分出3个60台主机的网段。划分三个子网至少需要2位，那么第四个字节的前2位用作子网号，剩余6位用作主机号，去掉全0全1，最多支持62台主机，恰好满足要求，因此子网掩码设置为255.255.255.192即可，子网号取前三个（00~10）即可，见表2-1。

表2-1 60台主机的子网划分

前三个字节	第四个字节	第四个字节对应的二进制	子网号
192.168.1	1~62	00XX，XXXX	0000，0000
	65~126	01XX，XXXX	0100，0000
	129~190	10XX，XXXX	1000，0000
	193~254	11XX，XXXX	1100，0000

步骤3：如图2-1所示，分别设置PC1、PC2的IP地址为192.168.1.66、192.168.1.67，子网掩码为255.255.255.192；分别设置PC3、PC4的IP地址为192.168.1.130、192.168.1.131，子网掩码为255.255.255.192。经测试，PC1与PC2在同一个子网，PC3与PC4在同一个子网，所以相互能访问，但是PC1与PC3不在同一个子网，所以不能相互访问。

步骤4：对于给定一个C类网络192.168.1.0/24地址，要在其中划分出2个30台主机的网段。30台主机至少需要5位，那么第四个字节的前3位用作子网号，剩余5位用作主机号，去掉全0和全1，最多支持30台主机，恰好满足要求，因此，子网掩码设置为255.255.255.224即可，具体划分见表2-2。

表2-2　30台主机的子网划分

前三个字节	第四个字节	第四个字节对应的二进制	子网号
192.168.1	193~222	110X，XXXX	1100，0000
	225~254	111X，XXXX	1110，0000

步骤5：如图2-1所示，分别设置PC1、PC2的IP地址为192.168.1.193、192.168.1.194，子网掩码为255.255.255.224；分别设置PC3、PC4的IP地址为192.168.1.225、192.168.1.226，子网掩码为255.255.255.224。经测试，PC1与PC2在同一个子网，PC3与PC4在同一个子网，所以相互能访问，但是PC1与PC3不在同一个子网，所以不能相互访问。

七、思考·动手

（1）能否设置PC的IP地址为192.168.1.63或192.168.1.64，子网掩码为255.255.255.192？在自己的计算机上动手试一下，把实验结果保存到实验报告中。

（2）能否设置PC的IP地址为192.168.1.66，子网掩码为255.255.255.192，网关为192.168.1.1？在自己的计算机上动手试一下，把实验结果保存到实验报告中。

（3）一家连锁店需要设计一种编址方案来支持全国各个门店销售网络，门店有300家左右，每个门店一个子网，每个子网中的终端最多50台，该连锁店从ISP处得到一个B类地址，应该采用的子网掩码是什么？

实验3　交换机基本配置

一、实验目的

（1）了解交换机的作用。

（2）了解交换机配置的常用命令。

（3）掌握交换机的基本配置方法。

（4）熟悉华为企业网络仿真工具平台（eNSP）软件的使用。

（5）了解Wireshark网络抓包工具的使用方法。

二、实验设备及工具

华为S3700交换机2台，PC2台，串口连线1条。

三、实验原理（背景知识）

传统的二层交换机是工作在数据链路层的设备。交换机拥有多个端口，每个端口有自己的带宽，可以连接不同的网段。相比传统的集线器，交换机可以在多个端口之间建立多个并发连接，实现多节点之间数据的并发传输，有效改善网络的性能。

以太网交换机利用“端口/MAC地址映射表”进行数据交换，而“端口/MAC地址映射表”是通过“地址学习”的方法来动态建立与维护。

三层交换机把路由技术引入二层交换机，可以完成网络层的路由选择，实现不同网段或子网之间的相互通信。除了必要的路由决策外，大部分数据的转发过程仍由二层交换处理。另外，多个子网互连时只是与三层交换模块进行逻辑连接，不像路由器那样需增加额外端口，这样有效节省用户的投资。

四、实验任务及要求

如图3-1所示，在Switch-A交换机上配置Telnet远程登录服务及登录账号，在

Switch-B交换机上使用Telnet命令登录到Switch-A交换机。在PC1上使用串口方式登录Switch-A交换机，练习切换几种配置模式及相应模式下的常用命令。

五、实验拓扑图

交换机基本配置如图3-1所示。

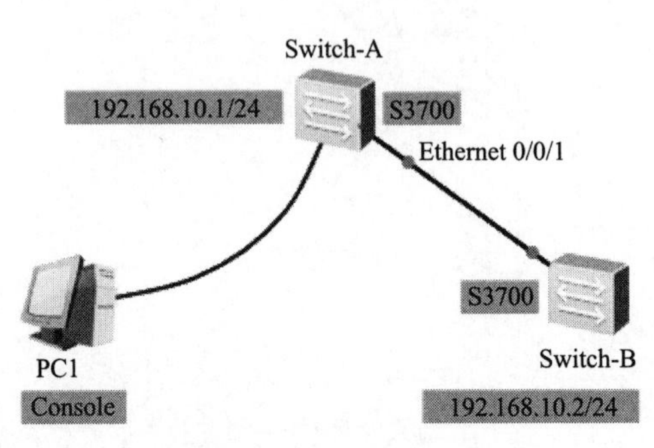

图3-1　交换机基本配置

六、实验步骤

步骤1：启动所有设备，见表3-1，为交换机Switch-A配置管理地址。

表3-1　交换机和PC的IPv4地址、相连端口

名称	IPv4地址	相连端口
Switch-A	192.168.10.1/24	—
Switch-B	192.168.10.2/24	Switch-A:Eth0/0/1
PC1	—	串口

#配置交换机的名称

```
<Huawei>system-view
[Huawei]sysname Switch-A
```

#配置交换机的管理地址

```
[Switch-A]interface Vlanif1
[Switch-A-Vlanif1]ip address 192.168.10.1  255.255.255.0
[Switch-A-Vlanif1]quit
```

步骤2：配置交换机Switch-A的远程登录信息。

#开启Telnet服务

```
[Switch-A]telnet server enable
```

#配置VTY的最大个数（可以同时登录的最大用户数）

```
[Switch-A]user-interface maximum-vty 15
```

#配置VTY用户界面的终端属性

```
[Switch-A]user-interface vty 0 14
[Switch-A-ui-vty0-14]protocol inbound telnet
[Switch-A-ui-vty0-14]
```

#配置VTY使用AAA认证模式

```
[Switch-A-ui-vty0-14]authentication-mode aaa
[Switch-A-ui-vty0-14]quit
```

#进入AAA配置模式，认证（Authentication），授权（Authorization），计帐（Accounting）

```
[Switch-A]aaa
```

#配置登录用户名、密码等，cipher为加密形式

```
[Switch-A-aaa]local-user admin password cipher huawei123
[Switch-A-aaa]local-user admin privilege level 3
[Switch-A-aaa]local-user admin service-type telnet
[Switch-A-aaa]quit
[Switch-A]quit
```

#保存配置

```
<Switch-A>save
```

步骤3：见表3-1，为交换机Switch-B配置管理地址。

#配置交换机的名称

```
<Huawei>system-view
[Huawei]sysname Switch-B
```

#配置交换机的管理地址

```
[Switch-B]interface Vlanif1
[Switch-B-Vlanif1]ip address 192.168.10.2  255.255.255.0
[Switch-B-Vlanif1]quit
[Switch-B]quit
```

保存配置

```
<Switch-B>save
```

步骤4：测试Telnet远程登录。在交换机Switch-B上执行下面命令，远程连接交换

机Switch-A，提示输入用户名、密码，说明Telnet服务配置成功，如图3-2所示。

```
<Switch-B>ping 192.168.10.1
<Switch-B>telnet 192.168.10.1
```

```
Switch-B
<Switch-B>ping 192.168.10.1
  PING 192.168.10.1: 56  data bytes, press CTRL_C to break
    Reply from 192.168.10.1: bytes=56 Sequence=1 ttl=255 time=70 ms
    Reply from 192.168.10.1: bytes=56 Sequence=2 ttl=255 time=80 ms
    Reply from 192.168.10.1: bytes=56 Sequence=3 ttl=255 time=10 ms
    Reply from 192.168.10.1: bytes=56 Sequence=4 ttl=255 time=30 ms
    Reply from 192.168.10.1: bytes=56 Sequence=5 ttl=255 time=30 ms

  --- 192.168.10.1 ping statistics ---
    5 packet(s) transmitted
    5 packet(s) received
    0.00% packet loss
    round-trip min/avg/max = 10/44/80 ms

<Switch-B>telnet 192.168.10.1
Trying 192.168.10.1 ...
Press CTRL+K to abort
Connected to 192.168.10.1 ...


Login authentication


Username:admin
Password:
```

图3-2　在交换机Switch-B上测试Telnet远程登录

步骤5：在PC1上测试串口连接交换机Switch-A，如图3-3所示。PC1不配置IP地址，使用串口方式连接交换机A，设置波特率9600。

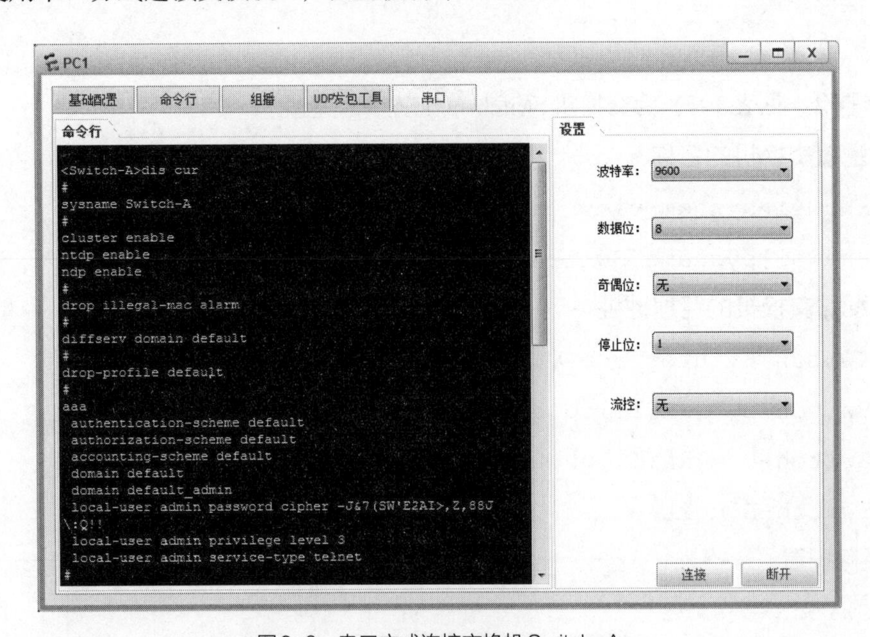

图3-3　串口方式连接交换机Switch-A

七、思考·动手

（1）华为交换机有几种配置模式？

（2）如何自动补全命令？

（3）如何查看当前模式下可运行的命令？

（4）在连接交换机Switch-B的Ethernet0/0/1端口上启用Wireshark网络抓包，并设置过滤器为telnet，在交换机Switch-B上执行<Switch-B>telnet 192.168.10.1远程登录交换机Switch-A，分析抓包内容，查看明文传输的远程登录账号和密码。提示：可通过Login authentication、Username、Password关键字来找输入的账号和密码。

实验4　交换机MAC地址表管理

一、实验目的

（1）理解以太网交换机基于MAC地址表的工作过程。

（2）掌握MAC地址表及表项的管理和配置方法。

二、实验设备及工具

华为S3700交换机1台，PC2台，Server1台。

三、实验原理（背景知识）

1．交换机工作原理

交换机工作在数据链路层，当交换机从某个端口收到一个数据帧时，交换机根据该数据帧的目的MAC地址来查找MAC地址表，从而得到该MAC地址对应的端口，即知道具有该MAC地址的设备是连接在交换机的哪个端口上，然后交换机把该数据帧从相应端口转发出去。

交换机采用源MAC地址学习算法建立和维护MAC地址表。当交换机从某个端口收到一个数据帧，先进行自学习，然后进行帧的转发处理。

（1）首先读取数据帧的源MAC地址，增加或更新MAC地址表项。MAC地址表记录MAC地址、所属VLAN、端口号、老化时间等。

（2）然后读取数据帧的目的MAC地址，并在MAC地址表中查找相应的端口。

（3）表中若有与目的MAC地址对应的端口，则把数据帧转发到这个端口上。

（4）表中若找不到对应的端口则把数据帧广播到其他所有端口上。

（5）当目的机器对源机器回应时，交换机又可以学习到目的MAC地址与哪个端口对应，在下次传送数据时就不再需要对所有端口进行广播了。

不断循环这个过程，交换机就可以学习到所有端口与MAC地址的映射关系，交换机就是这样建立和维护自己的MAC地址表。

2. MAC地址表

交换机基于MAC地址表进行转发。MAC地址表记录MAC地址与交换机端口的对应关系及端口所属VLAN等。MAC地址表由交换机采用源MAC地址学习算法建立和维护。交换机在初始状态下其MAC地址表为空，此外，为了保证MAC地址表中的信息能够实时地反映网络拓扑和网卡的变化，每一条表项都有一个生存周期（老化时间），如果在生存周期内收到地址信息则刷新记录，否则删除相应记录。

四、实验任务及要求

如图4-1所示，一台型号为S3700的交换机将三台计算机相连，为保证服务器的安全通信，要求在交换机上将服务器的MAC地址设置为静态表项，后来在使用过程中发现PC2中病毒，对网络进行非法攻击，需要对其配置黑洞MAC地址表项，限制其接入网络。

五、实验拓扑图

交换机MAC地址表管理如图4-1所示。

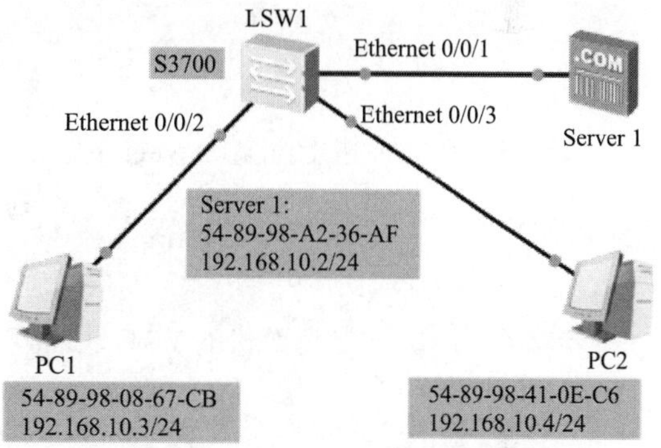

LSW1
S3700
Ethernet 0/0/1
Server 1
Ethernet 0/0/2
Ethernet 0/0/3
Server 1:
54-89-98-A2-36-AF
192.168.10.2/24
PC1
54-89-98-08-67-CB
192.168.10.3/24
PC2
54-89-98-41-0E-C6
192.168.10.4/24

图4-1　交换机MAC地址表管理

六、实验步骤

步骤1：启动所有设备，见表4-1，为PC1、PC2、Server1配置IPv4地址及子网掩码。在发生通信前，执行下面命令查看交换机的MAC地址表，结果为空。

表4-1　PC和Server的IPv4地址、MAC地址及相连端口

名称	IPv4地址	MAC地址	相连端口
Server1	192.168.10.2/24	54-89-98-A2-36-AF	Eth0/0/1
PC1	192.168.10.3/24	54-89-98-08-67-CB	Eth0/0/2
PC2	192.168.10.4/24	54-89-98-41-0E-C6	Eth0/0/3

```
<Huawei>
<Huawei>display mac-address
<Huawei>
```

步骤2：在主机PC1上执行下面命令，分别ping主机Server1、PC2，再查看交换机的MAC地址表，显示三条动态记录，如图4-2所示。

```
PC>ping 192.168.10.2
PC>ping 192.168.10.4
<Huawei>display mac-address
<Huawei>
```

```
<Huawei>display mac-address
MAC address table of slot 0:
-------------------------------------------------------------------------------
MAC Address    VLAN/       PEVLAN CEVLAN Port            Type      LSP/LSR-ID
               VSI/SI                                              MAC-Tunnel
-------------------------------------------------------------------------------
5489-9841-0ec6 1           -      -      Eth0/0/3        dynamic   0/-
5489-98a2-36af 1           -      -      Eth0/0/1        dynamic   0/-
5489-9808-67cb 1           -      -      Eth0/0/2        dynamic   0/-
-------------------------------------------------------------------------------
Total matching items on slot 0 displayed = 3

<Huawei>
```

图4-2　在PC1上执行ping命令后查看MAC地址表

步骤3：在交换机上配置Server1的静态MAC地址。

```
[Huawei]mac-address static 5489-98a2-36af  eth0/0/1  vlan 1
[Huawei]display mac-address
```

步骤4：再次查看交换机的MAC地址表，如图4-3所示。

```
[Huawei]display mac-address
MAC address table of slot 0:
-------------------------------------------------------------------------------
MAC Address    VLAN/       PEVLAN CEVLAN Port            Type      LSP/LSR-ID
               VSI/SI                                              MAC-Tunnel
-------------------------------------------------------------------------------
5489-98a2-36af 1           -      -      Eth0/0/1        static    -
-------------------------------------------------------------------------------
Total matching items on slot 0 displayed = 1

MAC address table of slot 0:
-------------------------------------------------------------------------------
MAC Address    VLAN/       PEVLAN CEVLAN Port            Type      LSP/LSR-ID
               VSI/SI                                              MAC-Tunnel
-------------------------------------------------------------------------------
5489-9808-67cb 1           -      -      Eth0/0/2        dynamic   0/-
5489-9841-0ec6 1           -      -      Eth0/0/3        dynamic   0/-
-------------------------------------------------------------------------------
Total matching items on slot 0 displayed = 2
```

图4-3　添加静态MAC地址表项后查看MAC地址表

步骤5：在交换机上配置Server1的静态MAC地址，指定到端口4，然后测试主机PC1与Server1的连通性，经测试发现PC1与Server1之间无法ping通。

```
<Huawei>sys
[Huawei]undo mac-address static 5489-98a2-36af  eth0/0/1
vlan 1
```

```
[Huawei]mac-address static 5489-98a2-36af  eth0/0/4  vlan 1
[Huawei]display mac-address
[Huawei]
```

步骤6：配置PC2的MAC地址为黑洞表项。先测试主机PC1与PC2的连通性，经测试发现二者能相互ping通。然后在交换机上配置PC2的MAC地址为黑洞表项，再次测试主机PC2与PC1的连通性，主机PC2与Server1的连通性，经测试发现PC2与PC1，PC2与Server1之间无法ping通。

```
<Huawei>sys
#配置PC2的MAC地址为黑洞表项
[Huawei]mac-address blackhole 5489-9841-0ec6  vlan 1
[Huawei]display mac-address blackhole
```

七、思考·动手

（1）删除Server1的静态MAC地址表项，然后测试PC1与Server1的连通性。

（2）删除PC2的MAC地址黑洞表项，然后测试PC1与PC2的连通性。

（3）整理操作MAC地址表项的常用命令。

实验5　虚拟局域网（VLAN）基本配置

一、实验目的

（1）理解VLAN工作原理。

（2）理解VLAN有效分割广播域。

（3）掌握Access、Trunk、Hybrid端口类型及配置方法。

（4）掌握交换机上创建VLAN的方法。

（5）掌握基于端口的VLAN划分方法。

二、实验设备及工具

华为S5700交换机1台，PC6台。

三、实验原理（背景知识）

虚拟局域网VLAN（Virtual Local Area Network），是交换式以太网中重要的一项技术。VLAN技术可以将分散在网络中不同物理位置的设备划分到同一个VLAN中。同一VLAN中的节点可以连接在同一个交换机上，也可以连接在不同的交换机上，只要这些交换机互连就可以。VLAN将网络划分成多个广播域，广播只能在同一个VLAN内进行。同一VLAN中的成员通过VLAN交换机可以直接通信，不同VLAN成员之间不能直接通信，需要通过路由支持才能通信。

1. 常见的VLAN划分方法

（1）基于端口的VLAN。将交换机中的若干个端口定义为一个VLAN，同一个VLAN中的计算机分配同一网段的IP地址，适用于位置比较固定的网络，在实践中经常使用。

（2）基于MAC地址的VLAN。根据数据帧的源MAC地址划分VLAN，这种VLAN一旦划分完成，无论节点在网络上怎样移动，由于MAC地址保持不变，因此不需要重新配置。但是如果新增加节点的话，需要对交换机进行配置，以确定该节点属于哪一个VLAN。该方法的缺点是需要管理用户的MAC地址，在实践中使用较少。

（3）基于IP地址的VLAN。交换机根据IP地址自动将其划分到不同的VLAN。该方法绑定VLAN与IP地址段的映射关系，会增加交换机的负载，在实践中使用较少。

2. 端口的链路类型

以太网端口有三种链路类型：Access、Trunk和Hybrid。

（1）Access类型的端口只能属于1个VLAN，一般用于连接计算机等终端。

（2）Trunk类型的端口可以允许多个VLAN通过，可以接收和发送多个VLAN的数据帧，一般用于交换机之间端口的连接，在实践中使用较多。

（3）Hybrid类型的端口可以允许多个VLAN通过，可以接收和发送多个VLAN的数据帧，可以用于交换机之间连接，也可以用于连接计算机等终端。

四、实验任务及要求

如图5-1所示，使用华为S5700交换机组建局域网，分配两个VLAN：VLAN2和VLAN3，对应两个网段192.168.2.0/24和192.168.3.0/24，在交换机上将端口1、端口2、端口3划分给VLAN2，将端口4、端口5、端口6划分给VLAN3，分别测试VLAN内PC之间的连通性和两个VLAN间PC的连通性。启用Wireshark网络抓包，查看VLAN有效隔离广播数据。

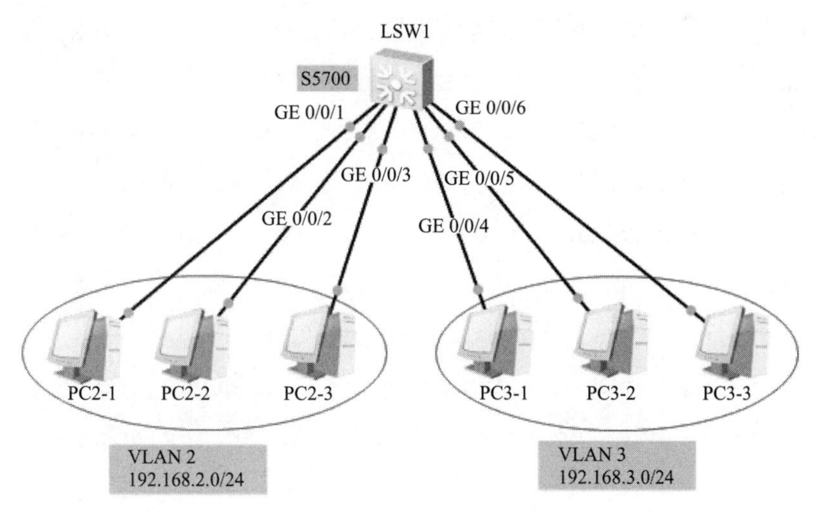

图5-1 按端口划分VLAN

五、实验拓扑图

按端口划分VLAN，如图5-1所示。

六、实验步骤

步骤1：启动所有设备，见表5-1，为PC配置IPv4地址和子网掩码。

表5-1　PC的IPv4地址、所属VLAN及所连端口

名称	IPv4地址	VLAN	所连端口
PC2-1	192.168.2.1/24	VLAN 2	GE 0/0/1
PC2-2	192.168.2.2/24	VLAN 2	GE 0/0/2
PC2-3	192.168.2.3/24	VLAN 2	GE 0/0/3
PC3-1	192.168.3.1/24	VLAN 3	GE 0/0/4
PC3-2	192.168.3.2/24	VLAN 3	GE 0/0/5
PC3-3	192.168.3.3/24	VLAN 3	GE 0/0/6

步骤2：在交换机上配置VLAN2，并将端口1、端口2、端口3加入VLAN2。

```
<Huawei>system-view
#创建VLAN 2
[Huawei]vlan 2
[Huawei-vlan2]quit
#分别将GE0/0/1、GE0/0/2、GE0/0/3端口加入VLAN 2
#进入端口配置模式，将端口的类型设置为access，加入VLAN 2
[Huawei]interface GigabitEthernet 0/0/1
[Huawei-GigabitEthernet0/0/1]port link-type access
[Huawei-GigabitEthernet0/0/1]port default vlan 2
[Huawei-GigabitEthernet0/0/1]quit
[Huawei]
[Huawei]interface GigabitEthernet 0/0/2
[Huawei-GigabitEthernet0/0/2]port link-type access
[Huawei-GigabitEthernet0/0/2]port default vlan 2
[Huawei-GigabitEthernet0/0/2]quit
[Huawei]
[Huawei]interface GigabitEthernet 0/0/3
[Huawei-GigabitEthernet0/0/3]port link-type access
[Huawei-GigabitEthernet0/0/3]port default vlan 2
```

```
[Huawei-GigabitEthernet0/0/3]quit
[Huawei]
```

步骤3：在交换机上配置VLAN3，使用端口组功能批量将端口4、端口5、端口6加入VLAN3，并将端口的类型设置为access。

```
#创建VLAN3
[Huawei]vlan 3
[Huawei-vlan3]quit
#创建端口组，名称为group3
[Huawei]port-group group3
#将端口加入端口组中
[Huawei-port-group-group3]group-member  GigabitEthernet
0/0/4  to  GigabitEthernet 0/0/6
#批量设置端口的类型为access
[Huawei-port-group-group3]port link-type access
[Huawei-GigabitEthernet0/0/4]port link-type access
[Huawei-GigabitEthernet0/0/5]port link-type access
[Huawei-GigabitEthernet0/0/6]port link-type access
#将端口批量加入VLAN 3
[Huawei-port-group-group3]
[Huawei-port-group-group3]port default vlan 3
[Huawei-GigabitEthernet0/0/4]port default vlan 3
[Huawei-GigabitEthernet0/0/5]port default vlan 3
[Huawei-GigabitEthernet0/0/6]port default vlan 3
[Huawei-port-group-group3]quit
#显示端口组信息
[Huawei]display port-group
#显示VLAN信息
[Huawei]display vlan
```

步骤4：测试PC之间的连通性。经测试发现，同一VLAN内PC之间相互能ping通，不同VLAN的PC之间无法ping通。

步骤5：抓取ARP广播数据包。在交换机GE 0/0/3和GE 0/0/4端口分别启用Wireshark网络抓包，先清除交换机和PC2-1上的MAC地址数据，然后在PC2-1上执行

ping 192.168.2.2命令，查看数据抓包。经测试发现在GE 0/0/3端口上能抓到ARP广播数据包，如图5-2所示，在GE 0/0/4端口上没有发现ARP广播数据包。实验证明VLAN将网络划分成多个广播域，广播只能在同一个VLAN内进行。

```
<Huawei>system-view
#查看交换机MAC地址表
[Huawei]display mac-address
#删除MAC地址表
[Huawei]undo mac-address dynamic
#在PC2-1上执行下面命令
#查看主机PC2-1上当前的ARP地址表
arp -a
#删除ARP缓存地址表
arp -d
ping 192.168.2.2
```

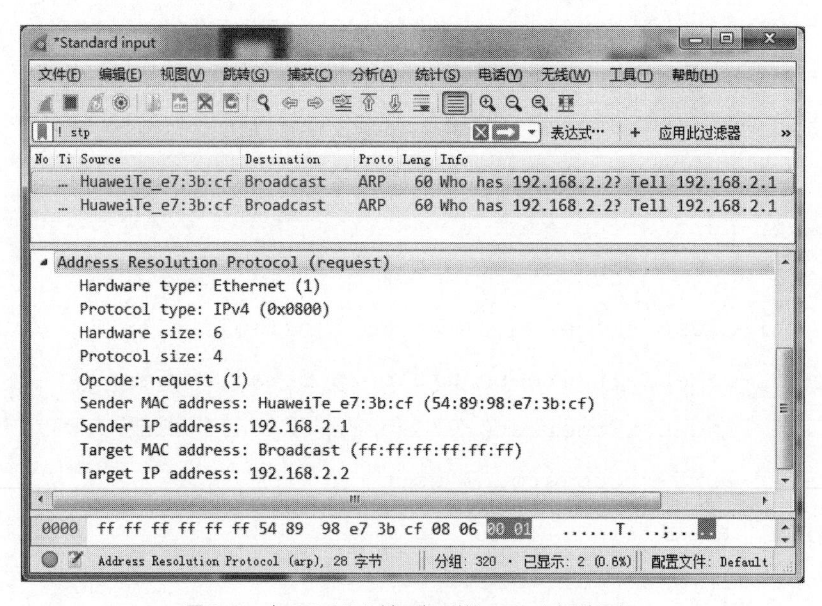

图5-2 在GE 0/0/3端口抓到的ARP广播数据包

七、思考·动手

（1）修改PC3-1的IP地址为192.168.2.4，然后测试PC2-1与PC3-1的连通性。

（2）修改PC2-3的IP地址为192.168.3.4，然后测试PC2-1与PC2-3的连通性。

（3）尝试使用基于MAC地址、IP地址的VLAN划分。

实验6　VLAN主干道Trunk配置

一、实验目的

（1）了解802.1Q协议帧的格式。

（2）掌握分配静态VLAN成员的方法。

（3）掌握创建交换机之间的主干道，实现多VLAN传输。

（4）掌握Wireshark抓包分析方法。

二、实验设备及工具

华为S5700交换机2台，PC8台。

三、实验原理（背景知识）

Trunk技术是数据链路层的技术，主要用于交换机之间互连。当一条链路需要承载多个VLAN数据时，就需要Trunk来实现，Trunk技术将VLAN延伸至整个网络，只要设备在同一VLAN，即使连接到不同物理位置的不同交换机上依然可以通信。一个VLAN Trunk通道不属于某一特定VLAN，而是交换机之间多个VLAN的通道。

没有VLAN Trunk技术，VLAN也不会如此普及、有用。VLAN使用IEEE802.1Q帧格式，新增的四个字节的内容如下：

TPID为2字节协议标识符，是一个0×8100的固定值，这个值表明了该帧带有802.1Q的标记信息。

TCI为2字节标记控制信息，包含下面的元素：

（1）3位的用户优先级：802.1Q不使用该字段。

（2）1位的规范格式标识符（CFI）：CFI常用于以太网和令牌环网，在以太网中，其值一般设置为0。

（3）12位VLAN标识符（VLAN ID）：该字段唯一标识了帧所属的VLAN。VLAN

ID可以唯一地标识4096个VLAN，但VLAN 0和VLAN 4095被保留。

四、实验任务及要求

如图6-1所示，在两台交换机S5700上分别创建两个VLAN：VLAN2和 VLAN3，并为其分配端口号。然后将两台交换机的GE0/0/24端口互连，并配置Trunk端口类型，实现两台交换机之间多VLAN传输。开启SW-A交换机的 GE0/0/1和GE0/0/24端口的Wireshark网络抓包，从主机PC2-1跨交换机ping 主机PC2-4，分析Wireshark抓取的数据帧信息。

五、实验拓扑图

跨交换机的VLAN扩展如图6-1所示。

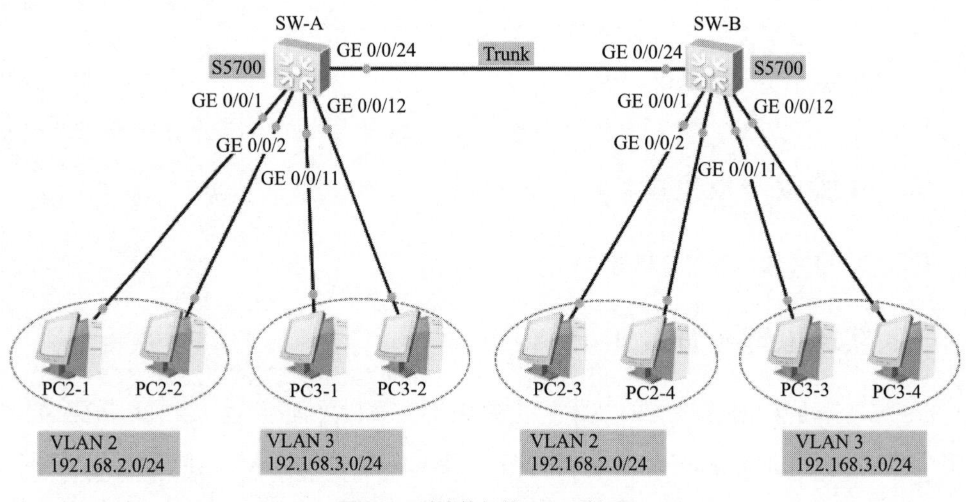

图6-1 跨交换机的VLAN扩展

六、实验步骤

步骤1：启动所有设备，见表6-1，为PC配置IPv4地址和子网掩码。

表6-1 PC的IPv4地址、VLAN及所连端口

名称	IPv4地址	VLAN	所连端口
PC2-1	192.168.2.1/24	VLAN2	SW-A: GE0/0/1
PC2-2	192.168.2.2/24	VLAN2	SW-A :GE0/0/2
PC2-4	192.168.2.4/24	VLAN2	SW-B: GE0/0/1

续表

名称	IPv4 地址	VLAN	所连端口
PC3-1	192.168.3.1/24	VLAN3	SW-A: GE0/0/11
PC3-2	192.168.3.2/24	VLAN3	SW-A: GE0/0/12
PC3-3	192.168.3.3/24	VLAN3	SW-B: GE0/0/11
PC3-4	192.168.3.4/24	VLAN3	SW-B: GE0/0/12

步骤2：为交换机SW-A配置VLAN2、VLAN3，并配置Trunk端口。

#进入视图模式

```
<Huawei>system-view
```

#修改交换机名称

```
[Huawei]sysname SW-A
```

#创建VLAN 2、3

```
[SW-A]vlan batch 2 to 3
```

#创建端口组group1

```
[SW-A]port-group group1
```

#添加端口GigabitEthernet 0/0/1 to GigabitEthernet 0/0/10

```
[SW-A-port-group-group1]group-member GigabitEthernet 0/0/1 to GigabitEthernet 0/0/10
```

#批量设置端口类型

```
[SW-A-port-group-group1]port link-type access
```

#批量设置VLAN

```
[SW-A-port-group-group1]port default vlan 2
[SW-A-port-group-group1]quit
```

#创建端口组group2

```
[SW-A]port-group group2
```

#添加端口GigabitEthernet 0/0/11 to GigabitEthernet 0/0/20

```
[SW-A-port-group-group2]group-member GigabitEthernet0/0/11 to GigabitEthernet 0/0/20
```

#批量设置端口类 型

```
[SW-A-port-group-group2]port link-type access
```

```
#批量设置VLAN
[SW-A-port-group-group2]port default vlan 3
[SW-A-port-group-group2]quit
[SW-A]
#将端口GigabitEthernet 0/0/24配置为Trunk
[SW-A]interface GigabitEthernet 0/0/24
#设置端口类型
[SW-A-GigabitEthernet0/0/24]port link-type trunk
#设置允许通过的VLAN
[SW-A-GigabitEthernet0/0/24]port trunk allow-pass vlan 2 3
[SW-A-GigabitEthernet0/0/24]quit
#查看VLAN信息
[SW-A]display vlan
#查看端口及VLAN信息
[SW-A]display port vlan
[SW-A]quit
#保存配置信息
<SW-A>save
```

步骤3：为交换机SW-B配置VLAN2、VLAN3，并配置Trunk端口，配置方法与交换机SW-A相同。

步骤4：测试PC之间的连通性。经测试发现，即使不在同一个交换机下，同一VLAN的PC之间依然能ping通，但是不同VLAN的PC之间无法ping通。

步骤5：开启SW-A交换机 GE0/0/1和GE0/0/24端口的Wireshark网络抓包，从PC2-1跨交换机ping 主机PC2-4，从GE0/0/24端口抓取的数据帧含有VLAN标记，数据帧中Type值为0×8100，如图6-2所示。从GE0/0/1端口抓取的数据帧不含VLAN标记，数据帧中Type值为0×0800，如图6-3所示。

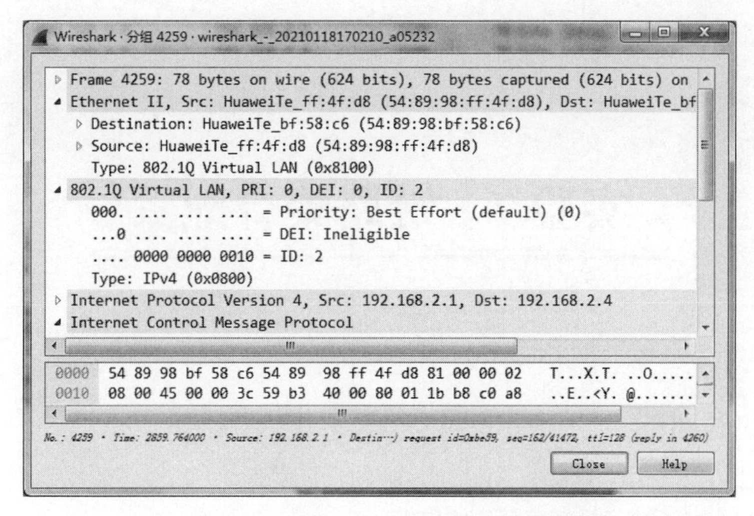

图6-2　SW-A交换机GE0/0/24端口的网络抓包

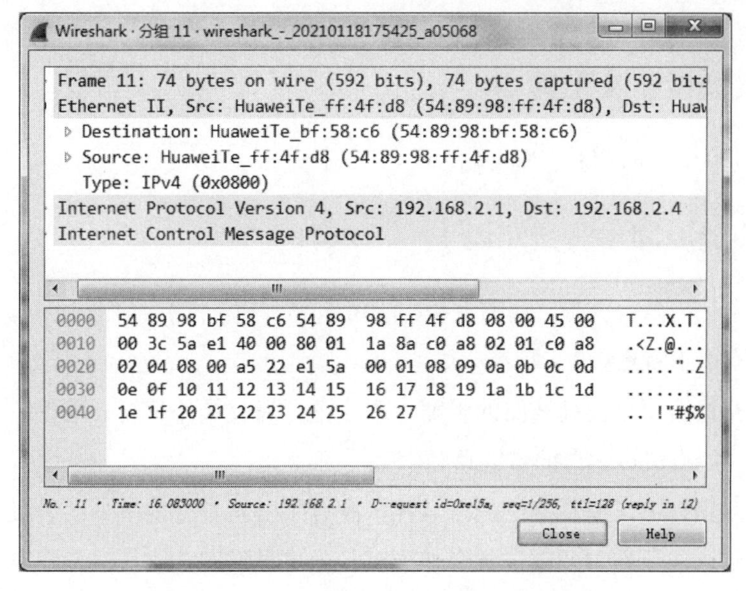

图6-3　SW-A交换机GE0/0/1端口的网络抓包

七、思考·动手

（1）删除SW-A交换机端口GE0/0/24的Trunk配置，然后测试主机PC2-1与主机PC2-4之间的连通性。

（2）分别开启SW-A交换机GE0/0/11和GE0/0/24端口的Wireshark网络抓包，从主机PC3-1跨交换机ping主机PC3-4，分析抓取的数据帧信息。

实验 7　链路聚合配置

一、实验目的

（1）理解以太网交换机链路聚合的作用。

（2）掌握使用手动模式配置链路聚合的方法。

二、实验设备及工具

华为S5700交换机2台，PC8台。

三、实验原理（背景知识）

链路聚合是把两台设备之间的多条物理链路聚合在一起，当作一条逻辑链路使用。链路聚合具有以下特点：

（1）链路聚合可以提高链路的带宽。理论上，通过链路聚合，可使一个聚合端口的带宽扩大为所有成员端口的带宽总和。

（2）链路聚合可以提高网络的可靠性。配置了链路聚合的端口，若其中某一端口出现故障，则该成员端口的流量就会切换到其他成员链路中去，从而提高网络传输的可靠性。

（3）链路聚合还可实现流量的负载均衡。把流量平均分到所有成员链路中去。链路聚合往往用在两个重要节点或繁忙节点之间，既能增加互连带宽，又提供了连接的可靠性。链路聚合有两种模式：手动负载均衡模式与LACP模式。

1. 手动负载均衡模式

该模式下，Eth-Trunk的建立，成员端口的加入由手工配置。所有活动链路都参与数据的转发，平均分担流量。如果某条活动链路出现故障，则自动在剩余的活动链路中平均分担流量。

2. 链路聚合控制协议LACP（Link Aggregation Control Protocol）模式

该模式下，链路两端的设备会相互发送LACP报文，协商聚合参数，从而选举出活动链路和非活动链路。活动成员链路用于数据转发，非活动成员链路用于冗余备份。如果一条活动成员链路出现故障，非活动成员链路中优先级最高的将代替出现故障的活动链路，状态由非活动链路变为活动链路。

3. 两者的区别

在手动负载均衡模式下，所有的端口都处于数据转发状态；在LACP模式下，非活动成员链路充当备份链路。

四、实验任务及要求

如图7-1所示，在两台交换机S5700上分别创建两个VLAN：VLAN2和 VLAN3，并为其分配端口，实现两台交换机之间多VLAN传输，因两台交换机之间有较大的数据流量，为了提高链路的带宽和可靠性，需要在两台交换机之间使用手动模式配置链路聚合功能。

五、实验拓扑图

手动模式配置链路聚合如图7-1所示。

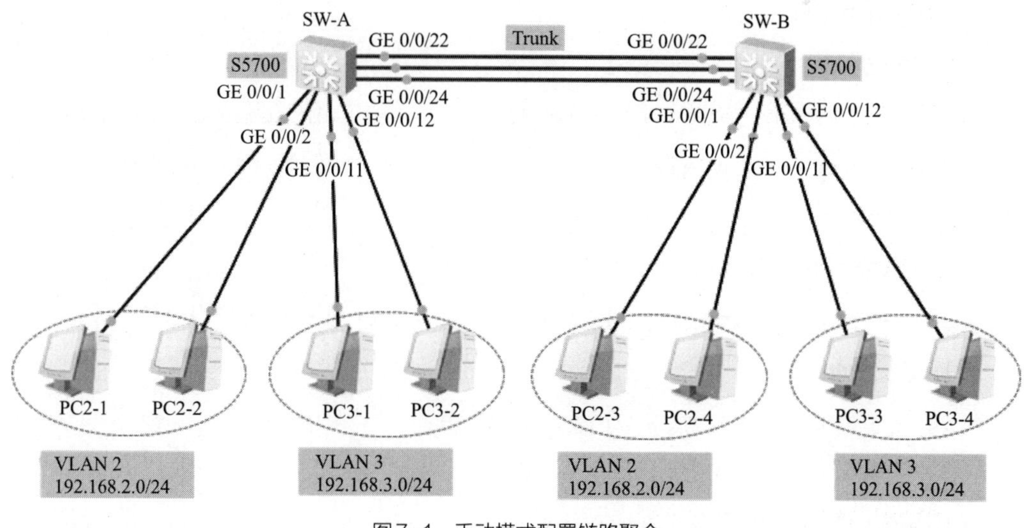

图7-1 手动模式配置链路聚合

六、实验步骤

步骤1：启动所有设备，见表7-1，为PC配置IPv4地址和子网掩码。

表7-1 PC的IPv4地址、VLAN及所连端口

名称	IPv4地址	VLAN	所连端口
PC2-1	192.168.2.1/24	VLAN2	SW-A: GE0/0/1
PC2-2	192.168.2.2/24	VLAN2	SW-A: GE0/0/2
PC2-3	192.168.2.3/24	VLAN2	SW-B: GE0/0/1
PC2-4	192.168.2.4/24	VLAN2	SW-B:GE0/0/2
PC3-1	192.168.3.1/24	VLAN3	SW-A: GE0/0/11
PC3-2	192.168.3.2/24	VLAN3	SW-A:GE0/0/12
PC3-3	192.168.3.3/24	VLAN3	SW-B: GE0/0/11
PC3-4	192.168.3.4/24	VLAN3	SW-B: GE0/0/12

步骤2：为SW-A交换机配置VLAN2、VLAN3，进入端口模式分别对相应端口设置端口类型和VLAN。

#进入视图模式

```
<Huawei>system-view
```

#修改交换机名称

```
[Huawei]sysname SW-A
```

#创建VLAN 2、3

```
[SW-A]vlan batch 2 to 3
```

#创建端口组group1

```
[SW-A]port-group group1
```

#添加端口GigabitEthernet 0/0/1 to GigabitEthernet 0/0/10

```
[SW-A-port-group-group1]group-member GigabitEthernet 0/0/1 to GigabitEthernet 0/0/10
```

#批量设置端口类型

```
[SW-A-port-group-group1]port link-type access
```

#批量设置VLAN

```
[SW-A-port-group-group1]port default vlan 2
[SW-A-port-group-group1]quit
```

#创建端口组group2

```
[SW-A]port-group group2
```

#添加端口GigabitEthernet 0/0/11 to GigabitEthernet 0/0/20

```
[SW-A-port-group-group2]group-member GigabitEthernet0/0/11 to GigabitEthernet 0/0/20
```

#批量设置端口类型

[SW-A-port-group-group2]port link-type access

#批量设置VLAN

[SW-A-port-group-group2]port default vlan 3

[SW-A-port-group-group2]quit

[SW-A]

步骤3：在实验6中GE0/0/24端口配置为Trunk，现在必须先清除GE0/0/24端口的配置信息，才能添加到聚合链路中。

<SW-A>system-view

#清除端口GE0/0/24配置信息后自动关闭端口

[SW-A]clear configuration interface GigabitEthernet 0/0/24

#启动端口GE 0/0/24

[SW-A]interface GigabitEthernet 0/0/24

[SW-A-GigabitEthernet0/0/24] undo shutdown

#也可以通过下面方式删除端口24的配置信息，必须先删除VLAN，然后才能删除link-type

#[SW-A]interface GigabitEthernet 0/0/24

#[SW-A-GigabitEthernet0/0/24]undo port trunk allow-pass vlan 2 to 3

#[SW-A-GigabitEthernet0/0/24]undo port link-type

#创建聚合端口Eth-Trunk 1，也可以是其他数值

[SW-A]interface Eth-Trunk 1

#添加成员端口

[SW-A-Eth-Trunk1]trunkport GigabitEthernet 0/0/22 to 0/0/24

#配置聚合链路端口类型

[SW-A-Eth-Trunk1]port link-type trunk

#配置允许的VLAN

[SW-A-Eth-Trunk1]port trunk allow-pass vlan 2 3

#配置负载平衡方式，根据需要也可以配置其他方式

[SW-A-Eth-Trunk1]load-balance src-dst-mac

#设置为手动负载平衡，此句也可忽略，系统默认就是该方式

```
[SW-A-Eth-Trunk1]mode manual load-balance
[SW-A-Eth-Trunk1]quit
```

步骤4：与步骤2基本相同，为交换机SW-B配置VLAN2、VLAN3，进入端口模式分别对相应端口设置端口类型和VLAN。

步骤5：与步骤3基本相同，为交换机SW-B配置链路聚合端口Eth-Trunk，在此不再赘述。但是要注意，仍然需要先清除GE0/0/24端口的配置信息，才能添加到聚合链路中。

步骤6：在交换机SW-A和交换机SW-B上分别执行下面命令，查看链路聚合端口eth-trunk 1的带宽及成员信息，结果显示最大带宽为3G，当前带宽为3G，工作模式为NORMAL，聚合端口数为3，且全部启动，如图7-2所示。

```
#查看链路聚合信息
[SW-A]display eth-trunk 1
[SW-A]display eth-trunk
[SW-A]display interface Eth-Trunk
```

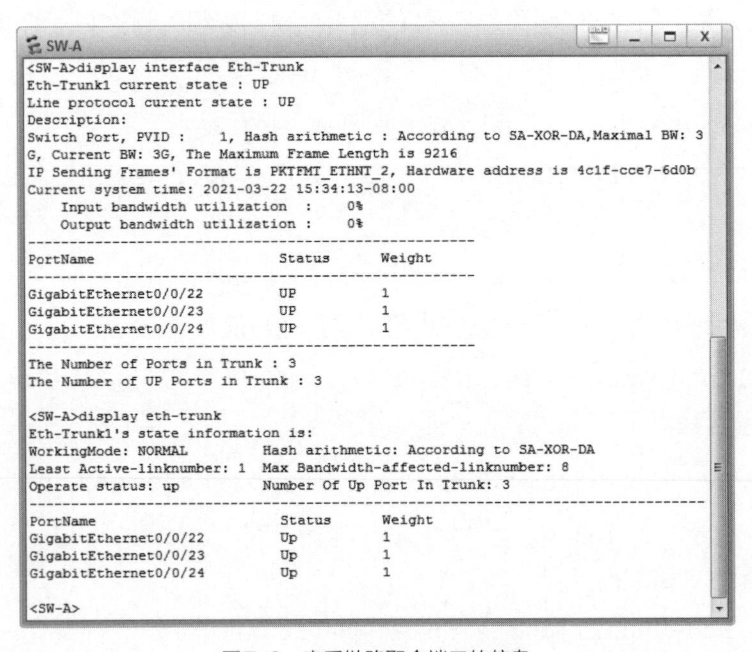

图7-2 查看链路聚合端口的信息

步骤7：测试连通性。在主机PC2-1上ping主机PC2-4，在主机PC3-1上ping主机PC3-4，经测试两者能相互ping通。

步骤8：在交换机SW-A逐次关闭GE 0/0/22和GE 0/0/23端口，然后观察主机连通的情况，发现出现短时间的网络中断，然后又恢复正常。再执行查看链路聚合信息的命令，发现最大带宽为3G，当前带宽变为1G，而且链路聚合的活动端口数变为1，如图7-3所示。上述实验充分说明链路聚合技术不仅能增加链路的带宽，而且能提高网络的可靠性。

```
#逐次关闭GE 0/0/22和GE 0/0/23端口
[SW-A]interface GigabitEthernet 0/0/22
[SW-A-GigabitEthernet0/0/22]shutdown
[SW-A-GigabitEthernet0/0/22]quit
[SW-A]interface GigabitEthernet 0/0/23
[SW-A-GigabitEthernet0/0/23]shutdown
[SW-A-GigabitEthernet0/0/23]quit
#查看链路聚合信息
[SW-A]display eth-trunk
[SW-A]display interface Eth-Trunk
```

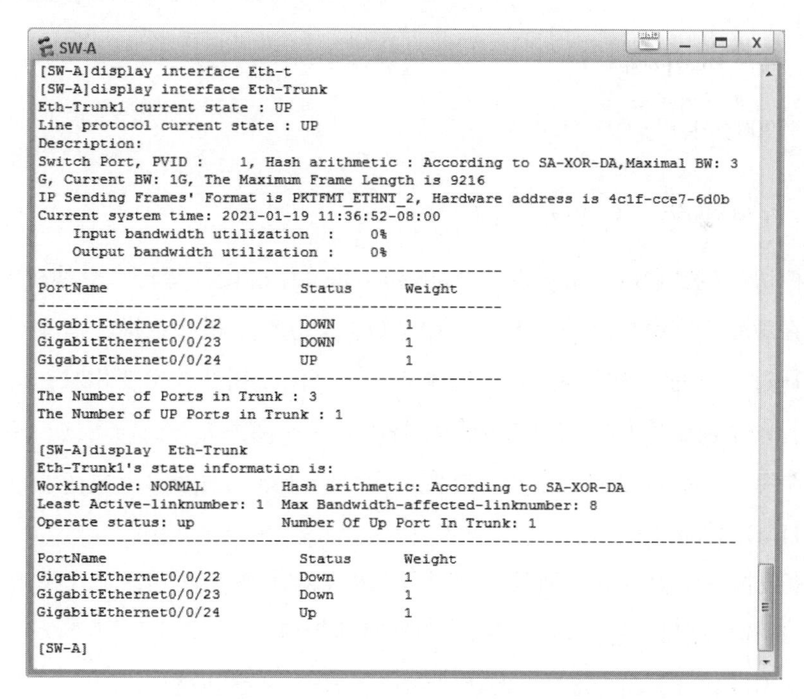

图7-3 关闭GE0/0/22和GE0/0/23端口后查看链路聚合端口的信息

七、思考·动手

（1）尝试在两台交换机之间使用LACP自动模式配置链路聚合。

（2）整理链路聚合操作的常用命令。

实验8　生成树协议（STP）配置

一、实验目的

（1）理解STP的作用和工作过程。

（2）掌握交换机上禁用和启用STP的方法。

（3）掌握交换机STP模式的配置。

二、实验设备及工具

华为S5700交换机3台，PC2台。

三、实验原理（背景知识）

生成树协议STP（Spanning Tree Protocol）是二层协议，运行在交换机或网桥上，其作用是在不改变网络拓扑的情况下，在逻辑上建立树形拓扑结构，消除网络中的环路，并且通过一定的方法实现路径的冗余备份。当网络拓扑发生变化时，运行STP的交换机会自动重新配置它的端口以避免环路产生或连接丢失。简而言之，STP既要建立链路冗余备份提高网络的可靠性，还要避免网络环路，消除由于存在环路而造成广播风暴和MAC地址漂移。

STP生成树算法很复杂，但其工作过程可以简要归纳为四句话：选择根网桥（根交换机）；选择根端口；选择指定端口；阻塞其他端口。

Bridge ID最小的交换机为根网桥，Bridge ID由交换机优先级（2字节）和背板MAC地址（6字节）组成。先看优先级，优先级小的为根网桥；当优先级相等，再看MAC地址，MAC地址小的为根网桥。默认情况下，交换机的优先级是32768，可以设置交换机的优先级来选择根网桥。根网桥不是固定的，会根据网络拓扑的变化而变化。

根端口是指非根网桥设备上离根网桥最近的端口，根端口负责与根网桥通信。在确定了根网桥之后，所有其他交换机都要确定自己的根端口。确定根端口有具体的策略，比如，选择的根端口是到根网桥路径最小的端口或者端口ID最小的端口，端口ID由端口优先级和端口号组成，先看优先级，优先级小的为根端口；当优先级相等，再看端口号，端口号小的为根端口。默认情况下，端口的优先级是128。根端口也不是固定的，会根据网络拓扑的变化而变化。

STP将指定端口标记为转发状态（FORWARDING），将非指定端口标记为阻塞状态（DISCARDING）。根端口和指定端口可以转发数据和网桥协议数据单元BPDU（Bridge Protocol Data Unit），但是非指定端口只能接收BPDU。在完成收敛的稳定网络中，端口的状态主要有两种，转发状态和阻塞状态。

STP协议的原则为：

（1）一个网段中只有一个根网桥，根网桥的端口都是指定端口，没有根端口。

（2）非根网桥只有一个根端口，但可以有多个指定端口。

（3）每一个网段中只有一个指定端口，非指定端口不能使用，标记为阻塞状态。

四、实验任务及要求

如图8-1所示，将三台交换机互连成环状，并增加冗余链路。

（1）试着禁用交换机SW-B和SW-C的STP，分析MAC地址漂移、广播风暴和网络环路问题。

（2）启动三台交换机并启用STP，在任意一台交换机上查看STP生成树状态，并分析根网桥、根端口的变化情况。

五、实验拓扑图

互连成环状带冗余链路的交换式以太网，如图 8 -1所示。

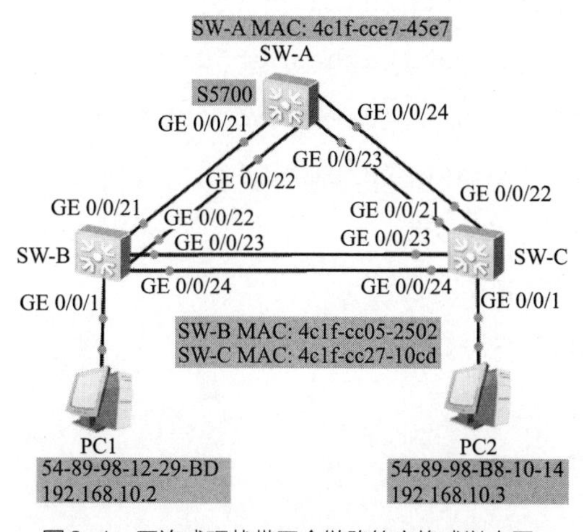

图8-1 互连成环状带冗余链路的交换式以太网

六、实验步骤

步骤1：启动所有设备，见表8-1，为PC配置IPv4地址和子网掩码。测试两台PC的连通性，在PC1上执行ping 192.168.10.3，经测试两台PC可以ping通。

表8-1 PC的IPv4地址、MAC地址及所连端口

名称	IPv4地址	MAC地址	所连端口
PC1	192.168.10.2/24	54-89-98-12-29-BD	SW-B:GE0/0/1
PC2	192.168.10.3/24	54-89-98-B8-10-14	SW-C:GE0/0/1

步骤2：禁用STP功能，形成网络环路。为简化分析，暂时关闭交换机SW-A，在交换机SW-B和SW-C上分别禁用STP，形成网络环路。默认情况下，交换机启动STP协议功能。

```
#禁用交换机SW-B的STP功能
#修改交换机名称为SW-B
[Huawei]sysname SW-B
#设置STP模式
[SW-B]stp mode stp
#禁用STP
[SW-B]stp disable
#禁用端口STP
[SW-B]interface GigabitEthernet 0/0/23
[SW-B-GigabitEthernet0/0/23]undo stp enable
[SW-B-GigabitEthernet0/0/23]quit
[SW-B]interface GigabitEthernet 0/0/24
[SW-B-GigabitEthernet0/0/24]undo stp enable
[SW-B-GigabitEthernet0/0/24]quit
#禁用交换机SW-C的STP功能
#修改交换机名称为SW-C
[Huawei]sysname SW-C
#设置STP模式
[SW-C]stp mode stp
#禁用STP
```

```
[SW-C]stp disable
#禁用端口STP
[SW-C]interface GigabitEthernet 0/0/23
[SW-C-GigabitEthernet0/0/23]undo stp enable
[SW-C-GigabitEthernet0/0/23]quit
[SW-C]interface GigabitEthernet 0/0/24
[SW-C-GigabitEthernet0/0/24]undo stp enable
[SW-C-GigabitEthernet0/0/24]quit
```

步骤3：MAC地址漂移、广播风暴和网络环路分析。MAC地址漂移也称作MAC地址表震荡、MAC地址表抖动，总之是MAC地址表不稳定。使用Wireshark在交换机SW-B的GE0/0/23和GE0/0/24两个端口上开启网络抓包。然后测试两台PC的连通性。在PC1上执行ping命令：ping 192.168.10.3，经测试两台PC无法ping通。现在分析其原因：

首先，PC1与PC2通信前需要先执行ARP，询问对方的MAC地址，即PC1广播发出ARP请求，Wireshark抓到的广播数据包如图8-2、图8-3所示。PC2收到广播数据包后返回ARP响应，如图8-4所示，但是通过抓包工具发现网络中瞬间出现大量的ARP响应数据包，如图8-3所示。

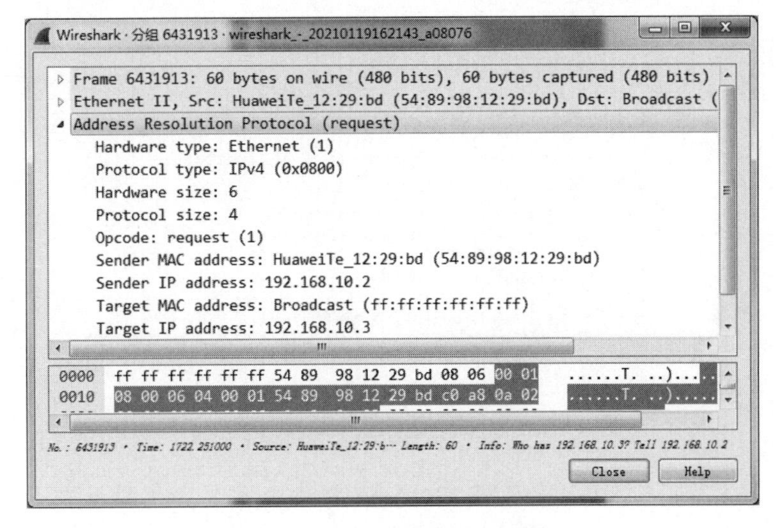

图8-2　PC1广播ARP请求数据包

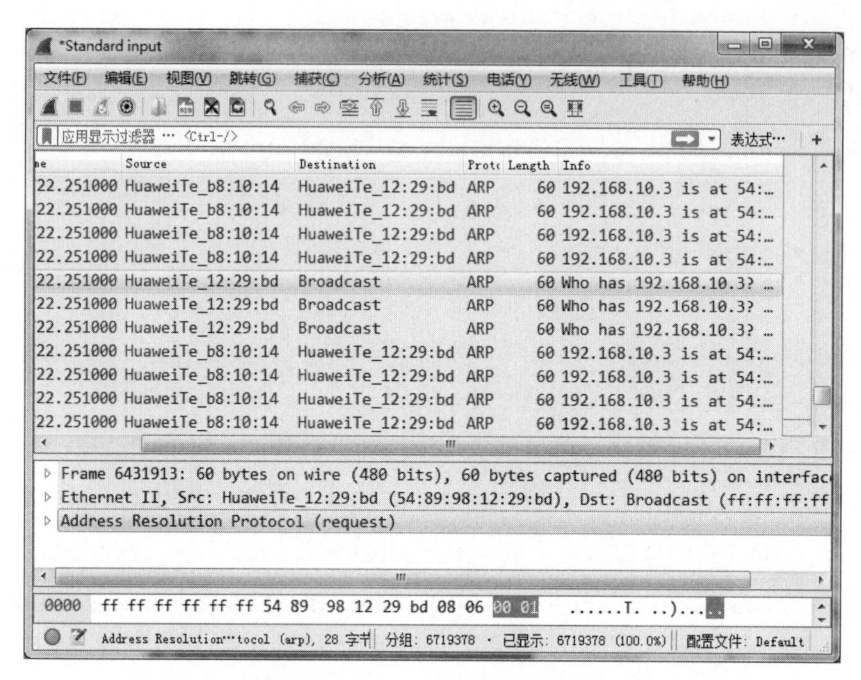

图8-3　在交换机SW-B的GE0/0/23端口抓取的ARP数据包

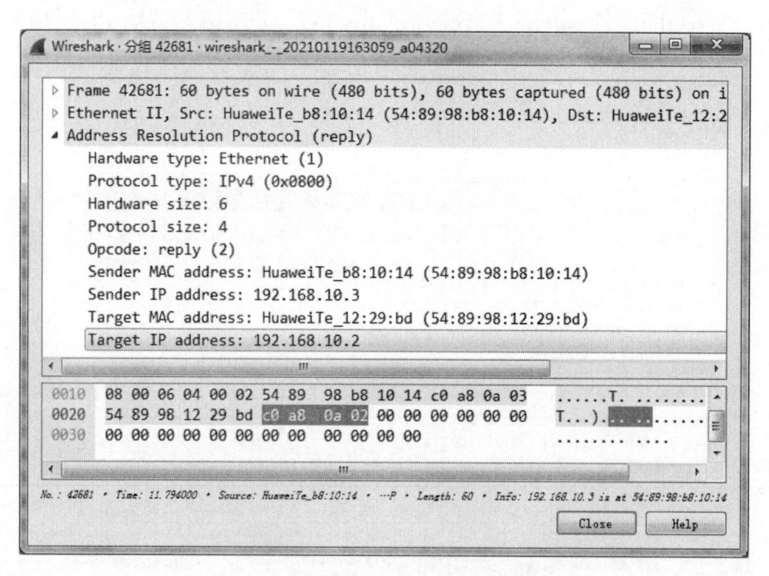

图8-4　PC2返回ARP响应数据包

其次，进入交换机SW-B多次查看MAC地址表，发现MAC地址表不稳定，在不断变更端口，而且交换机出现CPU过载提示，CPU使用率达到98%，如图8-5、图8-6所示。

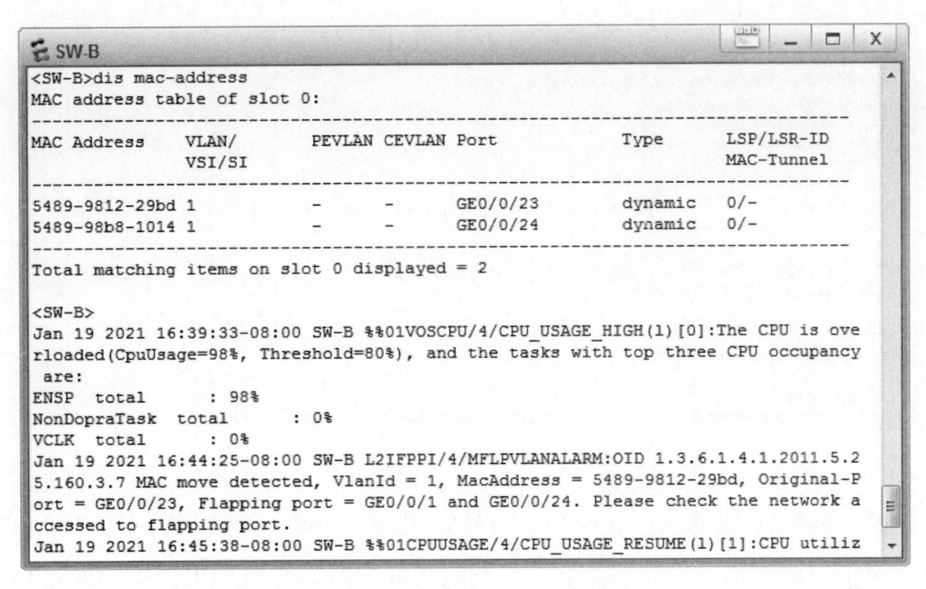

图8-5　CPU过载及MAC地址漂移

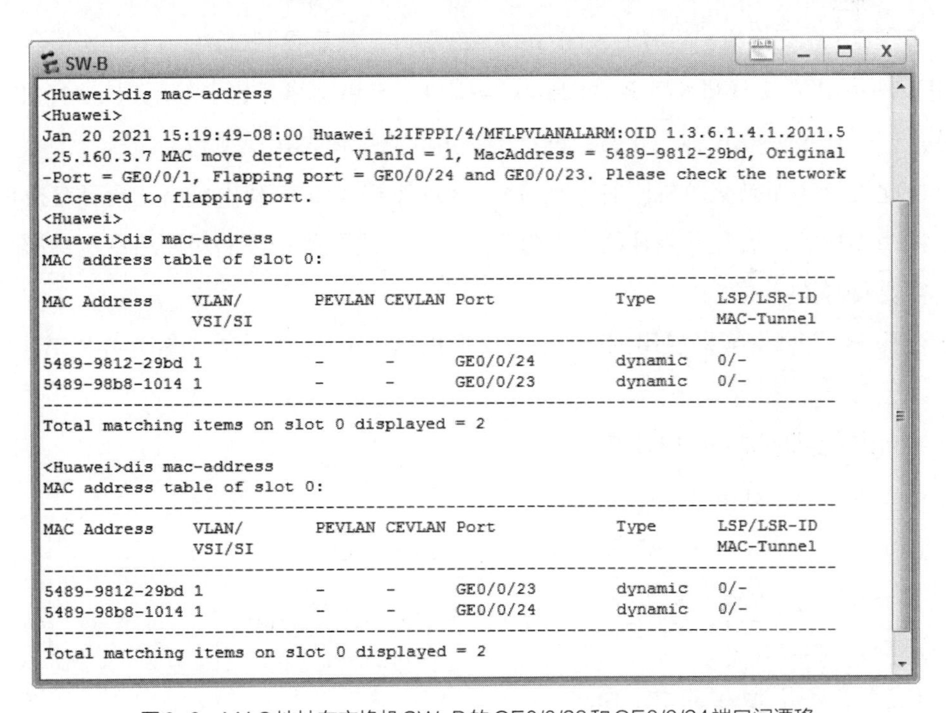

图8-6　MAC地址在交换机SW-B的GE0/0/23和GE0/0/24端口间漂移

通过命令display mac-address flapping record查看MAC地址漂移信息。记录的信息包括：MAC地址漂移发生的开始时间和结束时间，发生MAC地址漂移的VLAN和MAC，漂移的端口和漂移的次数，如图8-7所示。

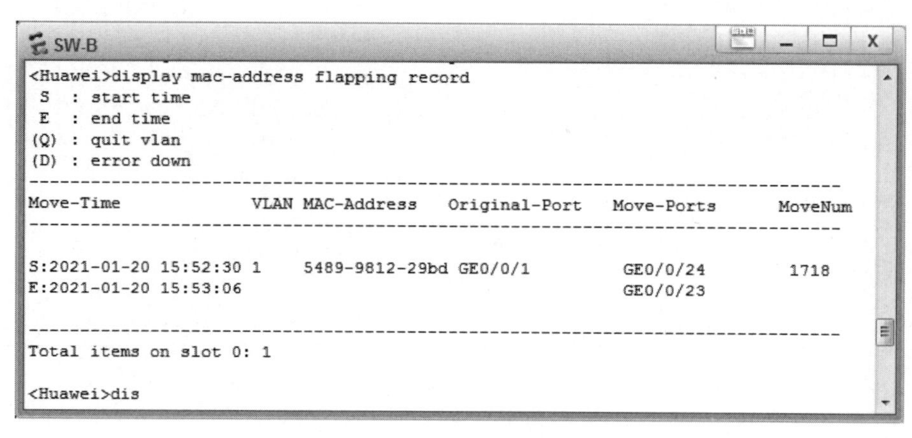
```
<Huawei>display mac-address flapping record
 S   : start time
 E   : end time
(Q)  : quit vlan
(D)  : error down
-------------------------------------------------------------------------------
Move-Time                 VLAN MAC-Address    Original-Port   Move-Ports      MoveNum
-------------------------------------------------------------------------------

S:2021-01-20 15:52:30 1    5489-9812-29bd GE0/0/1         GE0/0/24        1718
E:2021-01-20 15:53:06                                     GE0/0/23

-------------------------------------------------------------------------------
Total items on slot 0: 1

<Huawei>dis
```

图8-7　查看MAC地址漂移记录

通过分析MAC地址表，发现PC1的MAC地址：5489-9812-29bd与GE0/0/23、GE0/0/24端口的映射关系在频繁变更，形成局部回路，导致CPU过载，而且PC1与PC2无法连通。

步骤4：在交换机SW-B上关闭GE0/0/23端口，然后再测试两台PC的连通性，并使用Wireshark在交换机SW-B的GE0/0/24端口上开启网络抓包。经测试，两台PC可以连通，而且Wireshark抓包正常，网络中不再频繁出现ARP响应包。

由此可见，如果交换机同时上报MAC地址漂移、CPU利用率高，而且交换机变慢、网络不稳定，极有可能是网络中出现环路。在局域网中环路对网络稳定性影响很大，需要及时消除环路。

步骤5：三台交换机启用STP。启动交换机SW-A，恢复交换机SW-B和SW-C的STP功能。

#启用交换机SW-A的STP模式

```
<Huawei>system-view
[Huawei]sysname SW-A
[SW-A]stp mode stp
[SW-A]quit
```

#启用交换机SW-B的STP模式

```
<Huawei>system-view
[Huawei]sysname SW-B
[SW-B]stp enable
[SW-B]stp mode stp
```

#启用端口GE0/0/23的STP，恢复默认设置

```
[SW-B]interface  GigabitEthernet0/0/23
[SW-B-GigabitEthernet0/0/23]undo stp disable
#开启端口，在步骤4中关闭了该端口，现需恢复
[SW-B-GigabitEthernet0/0/23]undo shutdown
[SW-B-GigabitEthernet0/0/23]quit
#启用端口GE0/0/24的STP，恢复默认设置
[SW-B]interface  GigabitEthernet0/0/24
[SW-B-GigabitEthernet0/0/24]undo stp disable
[SW-B-GigabitEthernet0/0/24]quit
#启用交换机SW-C的STP模式
<SW-C>system-view
[SW-C]stp enable
[SW-C]stp mode stp
#启用端口GE0/0/23的STP，恢复默认设置
[SW-C]interface  GigabitEthernet0/0/23
[SW-C-GigabitEthernet0/0/23]undo stp disable
[SW-C-GigabitEthernet0/0/23]quit
#启用端口GE0/0/24的STP，恢复默认设置
[SW-C]interface  GigabitEthernet0/0/24
[SW-C-GigabitEthernet0/0/24]undo stp disable
[SW-C-GigabitEthernet0/0/24]quit
```

步骤6：测试两台PC的连通性，在任意一台交换机上查看STP生成树的状态。

经测试两台PC可以正常通信。执行下面命令查看各个交换机STP生成树的状态和统计信息，如图8-8~图8-11所示，从图中看出，交换机SW-B被选举为根网桥（根交换机），SW-A的GE0/0/21端口被选举为根端口，SW-C的GE0/0/23端口被选举为根端口。

```
#查看交换机的生成树状态和统计信息
<SW-B>display stp
#查看交换机的生成树端口状态简要信息
<SW-B>display stp brief
#查看交换机端口的生成树状态和统计信息
<SW-B>display stp interface GigabitEthernet 0/0/23
<SW-B>display stp interface GigabitEthernet 0/0/23 brief
```

#查看交换机的MAC地址表

```
<SW-B>display mac-address
```

#查看交换机的动态MAC地址表

```
<SW-B> display mac-address dynamic
```

#查看MAC地址漂移信息

```
<SW-B>display mac-address flapping record
```

```
SW-A
<SW-A>display stp
-------[CIST Global Info][Mode STP]-------
CIST Bridge         :32768.4c1f-cce7-45e7
Config Times        :Hello 2s MaxAge 20s FwDly 15s MaxHop 20
Active Times        :Hello 2s MaxAge 20s FwDly 15s MaxHop 20
CIST Root/ERPC      :32768.4c1f-cc05-2502 / 20000
CIST RegRoot/IRPC   :32768.4c1f-cce7-45e7 / 0
CIST RootPortId     :128.21
BPDU-Protection     :Disabled
TC or TCN received  :141
TC count per hello  :0
STP Converge Mode   :Normal
Time since last TC  :0 days 0h:14m:14s
Number of TC        :10
Last TC occurred    :GigabitEthernet0/0/21
----[Port1(GigabitEthernet0/0/1)][DOWN]----
 Port Protocol       :Enabled
 Port Role           :Disabled Port
 Port Priority       :128
```

图8-8　交换机SW-A的STP状态信息

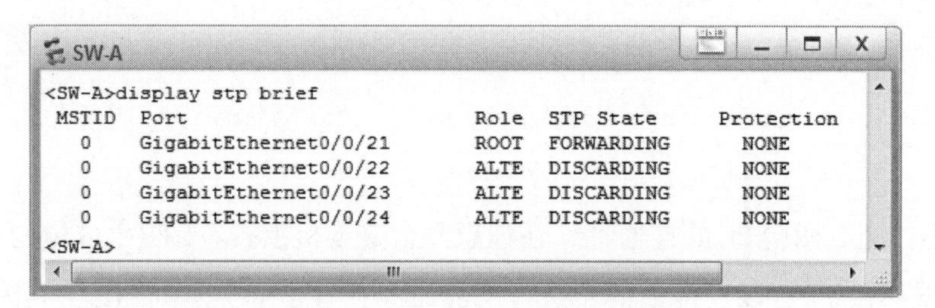

```
SW-A
<SW-A>display stp brief
 MSTID  Port                        Role  STP State     Protection
   0    GigabitEthernet0/0/21       ROOT  FORWARDING      NONE
   0    GigabitEthernet0/0/22       ALTE  DISCARDING      NONE
   0    GigabitEthernet0/0/23       ALTE  DISCARDING      NONE
   0    GigabitEthernet0/0/24       ALTE  DISCARDING      NONE
<SW-A>
```

图8-9　交换机SW-A的STP端口状态

```
SW-B
<SW-B>
<SW-B>display stp brief
 MSTID  Port                        Role  STP State     Protection
   0    GigabitEthernet0/0/1        DESI  FORWARDING      NONE
   0    GigabitEthernet0/0/21       DESI  FORWARDING      NONE
   0    GigabitEthernet0/0/22       DESI  FORWARDING      NONE
   0    GigabitEthernet0/0/23       DESI  FORWARDING      NONE
   0    GigabitEthernet0/0/24       DESI  FORWARDING      NONE
<SW-B>
<SW-B>
```

图8-10　交换机SW-B的STP端口状态

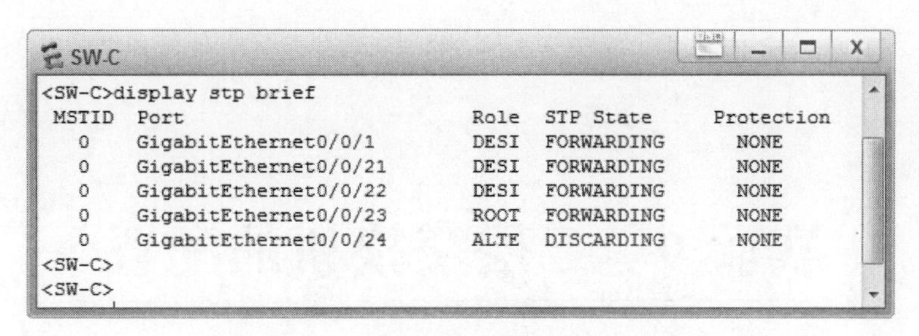

图8-11　交换机SW-C的STP端口状态

步骤7：在交换机SW-B的GE0/0/23和GE0/0/24端口上开启Wireshark网络抓包，然后在PC1上连续执行ping命令，发现在GE0/0/23端口上可以抓到ICMP数据包，但是在GE0/0/24端口上抓不到ICMP数据包，只能抓到STP协议数据包。这是因为交换机SW-C为了避免生成回路自动把端口GE0/0/24端口阻塞（DISCARDING）了。

同样，在交换机SW-A的四个端口上开启数据抓包，也抓不到ICMP数据包，这是因为交换机SW-A除了GE0/0/21端口可以转发数据包外，其他端口都自动阻塞（DISCARDING）了。

由此可见，STP可阻塞二层网络中的冗余链路，将网络修剪成树状，达到消除环路的目的。

七、思考·动手

（1）根据图8-9~图8-11，画出三台交换机运行STP后自动生成的逻辑链路图。

（2）在三台交换机上分别执行display stp。根据输出结果分析其Bridge ID、优先级和MAC地址分别是多少？

（3）在交换机SW-B的GE0/0/23端口上开启Wireshark网络抓包，分析抓取到的STP协议数据包，该数据包是哪个交换机发出的？Root Identifier和BPDU Type分别是多少？

（4）启动三台交换机，在交换机SW-B上逐次关闭GE0/0/23、GE0/0/24端口，然后测试两台PC的连通性，在交换机SW-C上查看STP生成树的根端口有何变化？根网桥变更没有？

（5）启动三台交换机，在交换机SW-A上执行stp priority 4096命令，然后在各个交换机上查看STP生成树的状态，分析根网桥变更没有？根端口有何变化？

实验9　三层交换机的配置

一、实验目的

（1）理解三层交换机的工作原理。

（2）理解VLANIF的作用。

（3）掌握配置VLANIF实现VLAN之间的通信。

二、实验设备及工具

华为S5700交换机1台，PC 4台。

三、实验原理（背景知识）

三层交换机是工作在网络层、具有部分路由功能的交换机。它既可以完成传统交换机的端口交换功能，又可完成路由器的部分路由功能。

三层交换机主要用于大型局域网内部的数据高速交换，所具有的路由功能也是为这个目的服务。三层交换机不仅实现同一子网、网段或VLAN内设备的高速通信，而且还可实现同一个局域网中的各个子网、网段或VLAN之间的通信。

三层交换机最重要的表现是一次路由多次转发，下面简要介绍三层交换的原理。

假设两个主机A、B通过三层交换机进行通信。发送主机A在开始发送时，把自己的IP地址与主机B的IP地址比较，判断主机B是否与自己在同一子网内。若目的主机B与主机A在同一子网内，则进行二层的转发。

假设主机A、B不在同一子网内，主机A要与目的主机B通信，主机A要向"缺省网关"发出ARP请求数据包，而"缺省网关"的IP地址其实是三层交换机的三层接口VLANIF的地址。当主机A向"缺省网关"广播出一个ARP请求时，如果三层交换模块在以前的通信过程中已经知道主机B的MAC地址，则向主机A回复B的MAC地址。否则三层交换模块根据路由信息向主机B广播一个ARP请求，主机B得到此ARP请求后向三层交换模块回复其MAC地址，三层交换模块保存此地址并回复给主机A，同时将主机B的MAC地址发送到二层交换引擎的MAC地址表中。从这以后，主机A向主机B发送的数据包便全部交给二层交换处理，不再重复路由，从而信息得以高速交换。

划分VLAN后，同一VLAN内的用户可以互相通信，但是属于不同VLAN的用户不能直接通信。为了实现VLAN间通信，可通过配置VLANIF来实现。

VLANIF属于网络层的逻辑端口（也称作接口），逻辑端口是指物理上不存在且需要通过配置建立的端口。VLANIF是用于各VLAN收发数据的端口，配置VLANIF前需要先创建对应的VLAN，每个VLAN可以看作是一个IP网段，因此可以把VLANIF看作该网段的网关，通过在VLANIF上配置IP地址就可实现VLAN之间的相互通信。

四、实验任务及要求

如图9-1所示，三层交换机S5700连接四台PC，划分两个VLAN。请配置交换机，使用VLANIF技术实现两个VLAN之间的通信。分别在交换机SW-A的GE 0/0/1端口和GE 0/0/11端口启用Wireshark网络抓包，分析ARP数据包、ICMP数据包，深入理解三层交换的原理。

五、实验拓扑图

三层交换机实现VLAN之间通信，如图9-1所示。

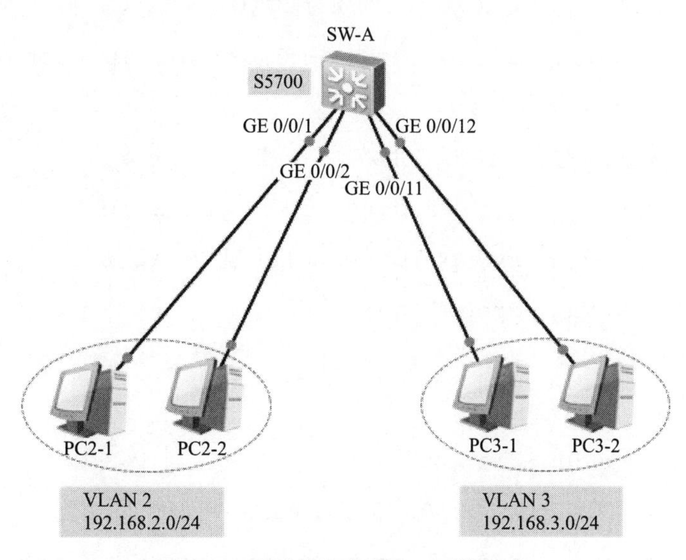

图9-1 三层交换机实现VLAN之间通信

六、实验步骤

步骤1：启动设备，见表9-1，为PC配置IPv4地址、子网掩码和默认网关。

表9-1　PC的IPv4地址、网关、VLAN及所连端口

名称	IPv4地址	默认网关	VLAN	所连端口
PC2-1	192.168.2.2/24	192.168.2.1	VLAN 2	GE 0/0/1
PC2-2	192.168.2.3/24	192.168.2.1	VLAN 2	GE 0/0/2
PC3-1	192.168.3.2/24	192.168.3.1	VLAN 3	GE 0/0/11
PC3-2	192.168.3.3/24	192.168.3.1	VLAN 3	GE 0/0/12

步骤2：在交换机SW-A上配置VLAN。

```
<Huawei>system-view
#修改交换机名称
[Huawei]sysname SW-A
#创建VLAN 2、3
[SW-A]vlan batch 2 to 3
#创建端口组，名称为group1
[SW-A]port-group group1
#将端口GE0/0/1 to GE0/0/10加入端口组中
[SW-A-port-group-group1]group-member GigabitEthernet 0/0/1
to GigabitEthernet 0/0/10
#批量设置端口类型为access，加入VLAN 2
[SW-A-port-group-group1]port link-type access
[SW-A-port-group-group1]port default vlan 2
[SW-A-port-group-group1]quit
[SW-A]
#创建端口组，名称为group2
[SW-A]port-group group2
#将端口GE0/0/11 to GE0/0/20加入端口组中
[SW-A-port-group-group2]group-member GigabitEthernet 0/0/11
to GigabitEthernet 0/0/20
#批量设置端口类型为access，加入VLAN 3
```

```
[SW-A-port-group-group2]port link-type access
[SW-A-port-group-group2]port default vlan 3
[SW-A-port-group-group2]quit
[SW-A]
#查看VLAN配置信息
<SW-A>display vlan
#查看IP路由表
<SW-A>display ip routing-table
```

步骤3：测试PC2-1与PC2-2、PC3-2的连通性。经测试发现，同一VLAN内的主机可以互相通信，但是属于不同VLAN的主机不能直接通信，如图9-2所示。

图9-2 不同VLAN的主机不能直接通信

步骤4：为了实现VLAN间通信，需配置VLANIF。

```
<SW-A>system-view
#配置VLAN 2的逻辑端口地址
[SW-A]interface vlanif  2
[SW-A-Vlanif2]ip address 192.168.2.1 255.255.255.0
[SW-A-Vlanif2]quit
```

```
[SW-A]
#配置VLAN 3的逻辑端口地址
[SW-A]interface vlanif  3
[SW-A-Vlanif3]ip address 192.168.3.1 255.255.255.0
[SW-A-Vlanif3]quit
[SW-A]
#查看所有端口的简要信息
[SW-A]display interface brief
#查看端口的IP地址
[SW-A]display ip interface  brief
#查看VLANIF端口的IP配置及统计信息
[SW-A]display ip interface Vlanif 2
[SW-A]display ip interface Vlanif 3
#查看IP路由表
[SW-A]display ip routing-table
```

步骤5：测试PC2-1与PC3-1的连通性。经测试发现：配置VLANIF地址后，属于不同VLAN的主机也可以通信。如图9-3所示，通过查看IP路由表可知，目的地址是192.168.2.0/24这个网段（VLAN）的数据，全部转发到网关192.168.2.1上，而到192.168.2.1这个网关地址其实是转到了交换机的127.0.0.1地址，使用的端口是逻辑端口Vlanif2。

```
SW-A
[SW-A]display ip routing-table
Route Flags: R - relay, D - download to fib
------------------------------------------------------------------------------
Routing Tables: Public
        Destinations : 6        Routes : 6

Destination/Mask    Proto   Pre  Cost      Flags NextHop         Interface

      127.0.0.0/8   Direct  0    0           D   127.0.0.1       InLoopBack0
      127.0.0.1/32  Direct  0    0           D   127.0.0.1       InLoopBack0
    192.168.2.0/24  Direct  0    0           D   192.168.2.1     Vlanif2
    192.168.2.1/32  Direct  0    0           D   127.0.0.1       Vlanif2
    192.168.3.0/24  Direct  0    0           D   192.168.3.1     Vlanif3
    192.168.3.1/32  Direct  0    0           D   127.0.0.1       Vlanif3

[SW-A]
```

图9-3　查看IP路由表

步骤6：深入理解三层交换的原理。在交换机SW-A上执行下面三条命令，发现MAC地址都是同一个MAC地址，都是交换机的MAC地址：4C-1F-CC-E7-6D-0B，如图9-4所示，实验证明VLANIF只是个虚端口（虚接口、逻辑接口）。

#查看VLANIF端口地址

```
<SW-A>display interface vlanif 2
<SW-A>display interface vlanif 3
```

#查看交换机MAC地址

```
<SW-A>display bridge mac-address
```

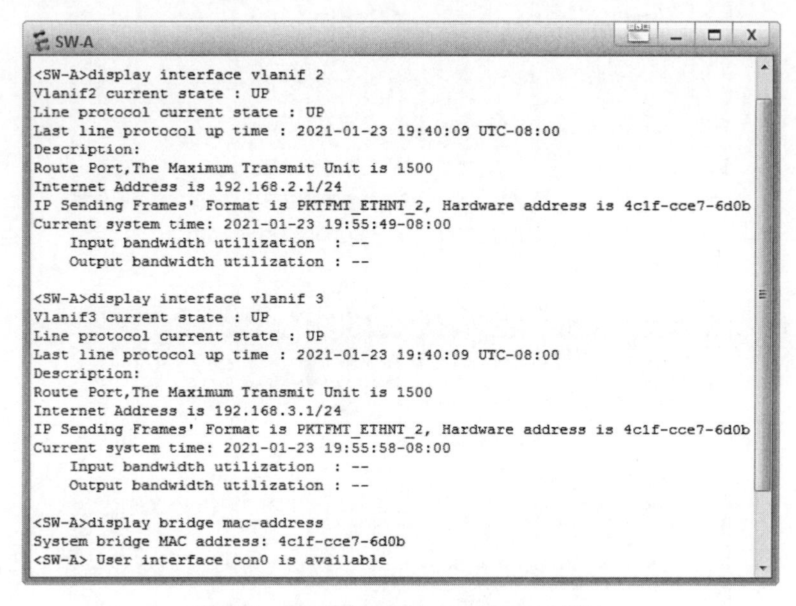

图9-4 查看交换机和VLANIF的MAC地址

整理PC2-1、PC3-1和网关等的IP地址和MAC地址见表9-2。在交换机SW-A的GE 0/0/1端口和GE 0/0/11端口分别启用Wireshark网络抓包，然后在主机PC2-1上ping主机PC3-1，抓包如图9-5~图9-12所示。ARP请求数据包的源地址和目的地址见表9-3，ARP响应数据包的源地址和目的地址见表9-4。ICMP请求数据包的源地址和目的地址见表9-5，ICMP响应数据包的源地址和目的地址见表9-6。请完成第七部分思考·动手。

表9-2 PC等的IPv4地址、MAC地址和所连端口

名称	IPv4地址	MAC地址	所连端口
PC2-1	192.168.2.2	54-89-98-FF-4F-D8	SW-A:GE0/0/1
Vlan 2网关	192.168.2.1	4C-1F-CC-E7-6D-0B	Vlanif2
PC3-1	192.168.3.2	54-89-98-1E-31-88	SW-A:GE0/0/11
Vlan 3网关	192.168.3.1	4C-1F-CC-E7-6D-0B	Vlanif3
交换机SW-A	—	4C-1F-CC-E7-6D-0B	—

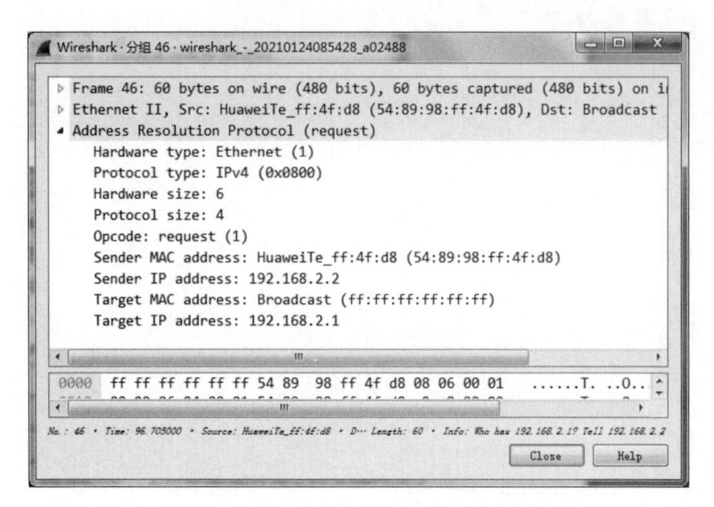

图9-5　端口GE 0/0/1上的ARP请求数据包

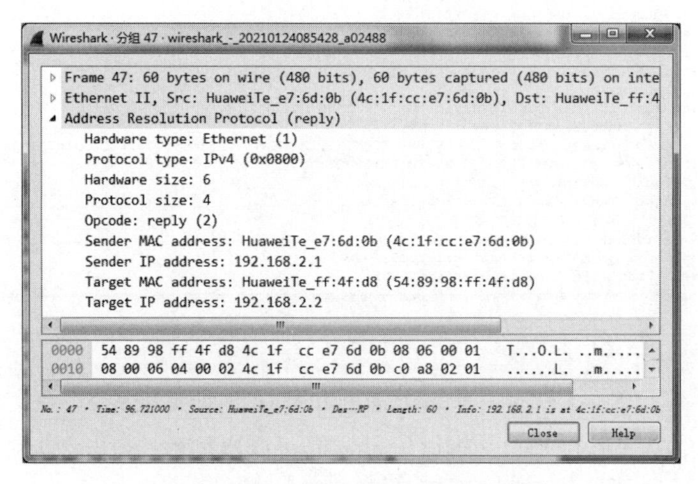

图9-6　端口GE 0/0/1上的ARP响应数据包

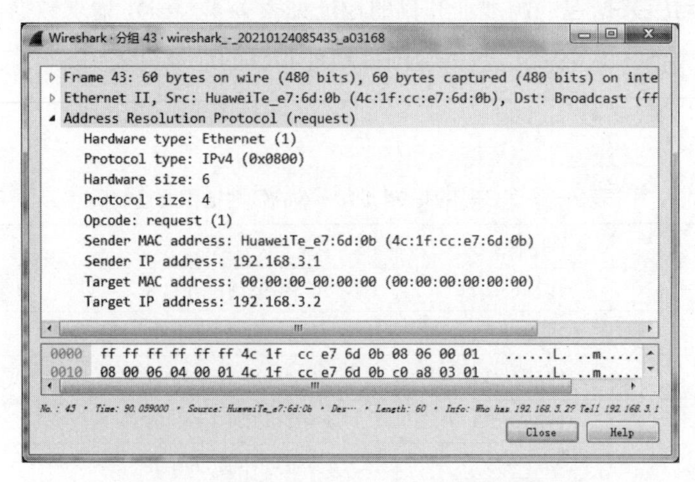

图9-7　端口GE 0/0/11上的ARP请求数据包

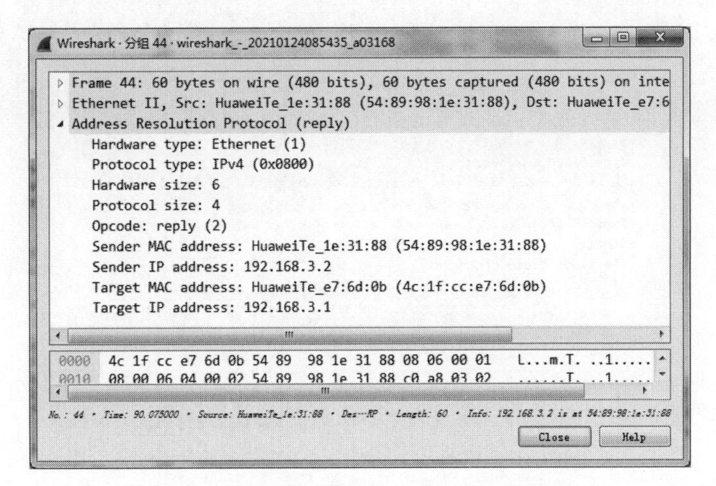

图9-8　端口GE 0/0/11上的ARP响应数据包

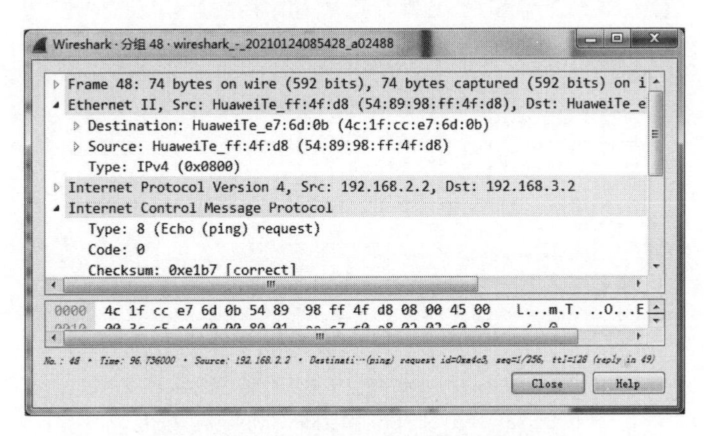

图9-9　端口GE 0/0/1上的ICMP请求数据包

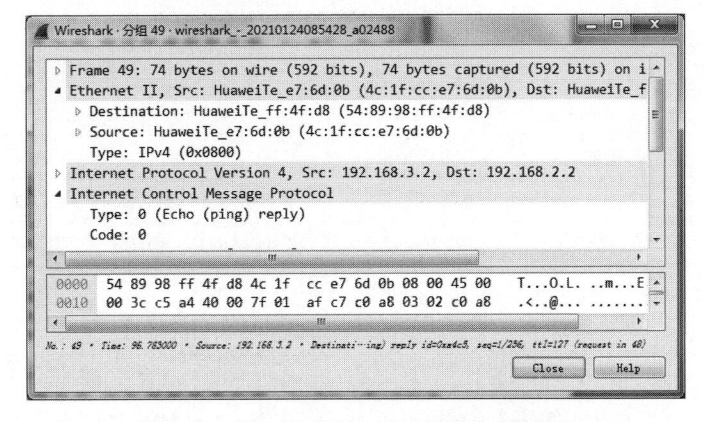

图9-10　端口GE 0/0/1上的ICMP响应数据包

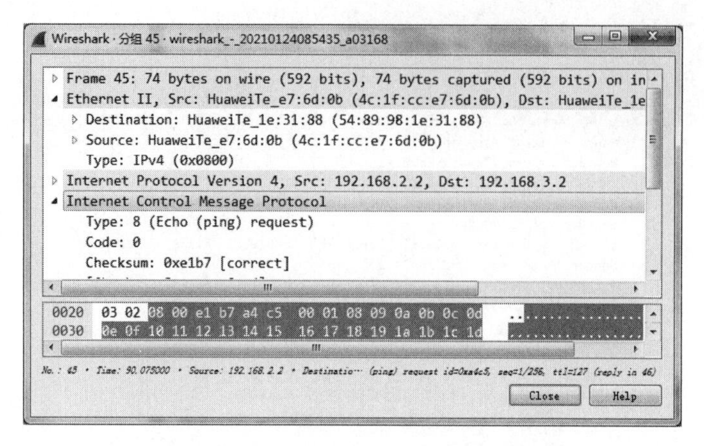

图9-11　端口GE 0/0/11上的ICMP请求数据包

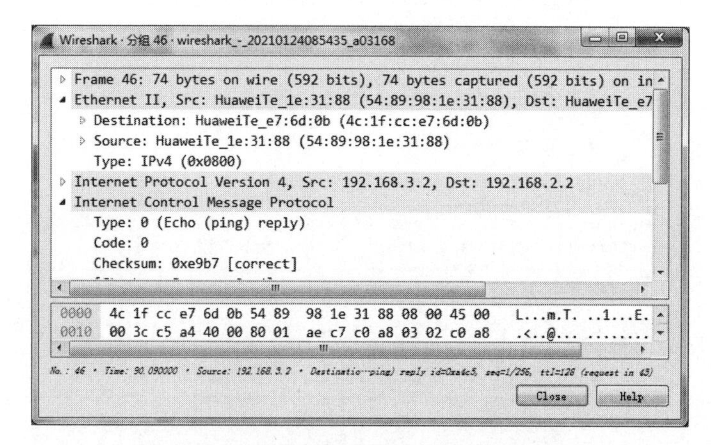

图9-12　端口GE 0/0/11上的ICMP响应数据包

表9-3　ARP请求数据包的源地址和目的地址

	网络层		数据链路层	
	写入IP数据报首部的地址		写入MAC帧首部的地址	
	源IP地址	目的IP地址	源MAC	目的MAC
PC2-1到SW-A	192.168.2.2	192.168.2.1	54-89-98-FF-4F-D8	FF-FF-FF-FF-FF-FF
SW-A到PC3-1	192.168.3.1	192.168.3.2	4C-1F-CC-E7-6D-0B	FF-FF-FF-FF-FF-FF

表9-4　ARP响应数据包的源地址和目的地址

	网络层		数据链路层	
	写入IP数据报首部的地址		写入MAC帧首部的地址	
	源IP地址	目的IP地址	源MAC	目的MAC
PC3-1到SW-A	192.168.3.2	192.168.3.1	54-89-98-1E-31-88	4C-1F-CC-E7-6D-0B
SW-A到PC2-1	192.168.2.1	192.168.2.2	4C-1F-CC-E7-6D-0B	54-89-98-FF-4F-D8

表9-5 ICMP请求数据包的源地址和目的地址

	网络层		数据链路层	
	写入IP数据报首部的地址		写入MAC帧首部的地址	
	源IP地址	目的IP地址	源MAC	目的MAC
PC2-1到SW-A	192.168.2.2	192.168.3.2	54-89-98-FF-4F-D8	4C-1F-CC-E7-6D-0B
SW-A到PC3-1	192.168.2.2	192.168.3.2	4C-1F-CC-E7-6D-0B	54-89-98-1E-31-88

表9-6 ICMP响应数据包的源地址和目的地址

	网络层		数据链路层	
	写入IP数据报首部的地址		写入MAC帧首部的地址	
	源IP地址	目的IP地址	源MAC	目的MAC
PC3-1到SW-A	192.168.3.2	192.168.2.2	54-89-98-1E-31-88	4C-1F-CC-E7-6D-0B
SW-A到PC2-1	192.168.3.2	192.168.2.2	4C-1F-CC-E7-6D-0B	54-89-98-FF-4F-D8

七、思考·动手

（1）在PC2-1上分别执行tracert 192.168.2.3和 tracert 192.168.3.3，对比执行结果并分析其原因。

（2）请在步骤6中分析跨网段后ARP数据包广播的范围。

（3）请在步骤6中分析ARP请求数据包的源IP、源MAC、目的IP和目的MAC地址变化规律。

（4）请在步骤6中分析ICMP请求数据包经三层路由转发后，源IP、源MAC、目的IP和目的MAC变化规律。

（5）三层交换机和普通交换机有什么区别?

（6）三层交换机和路由器有什么区别?

实验10　交换机配置静态路由实现VLAN之间通信

一、实验目的

（1）掌握三层交换机多VLAN之间通信的配置。
（2）理解静态路由和默认路由的作用。
（3）掌握静态路由和默认路由的配置方法。

二、实验设备及工具

华为S5700交换机2台，PC 8台。

三、实验原理（背景知识）

静态路由是一种路由方式，路由项需手动配置，静态路由有以下特点：

（1）静态路由是固定的，不会改变。

（2）静态路由不能动态反映网络拓扑，当网络拓扑发生变化时，管理员必须手工改变路由表。

（3）静态路由不会占用路由器太多的CPU和RAM资源，也不占用线路的带宽。

（4）如果出于安全考虑或者管理员想控制数据包的转发路径，也会使用静态路由。在小型或简单网络中，常常使用静态路由。

默认路由是一种特殊的静态路由，当配置了默认路由，转发数据包的目的地址在路由表中没有相匹配的表项时，数据包将按默认路由转发，否则数据包被丢弃。默认路由既然属于静态路由的一种，那么它的配置就和静态路由一样，不过要将目的IP地址和子网掩码改成0.0.0.0和0.0.0.0形式，使用默认路由可以精简路由表，减少路由配置。

四、实验任务及要求

如图10–1所示，两台华为S5700交换机连接八台PC，其中交换机SW–A配置VLAN2、VLAN3，交换机SW–B配置VLAN4、VLAN5，四个VLAN需要相互通信，同一交换机上的VLAN间通信通过配置VLANIF实现，不同交换机上的VLAN间通信通过配置静态路由或默认路由实现。

五、实验拓扑图

交换机配置VLANIF和静态路由实现VLAN间通信，如图10–1所示。

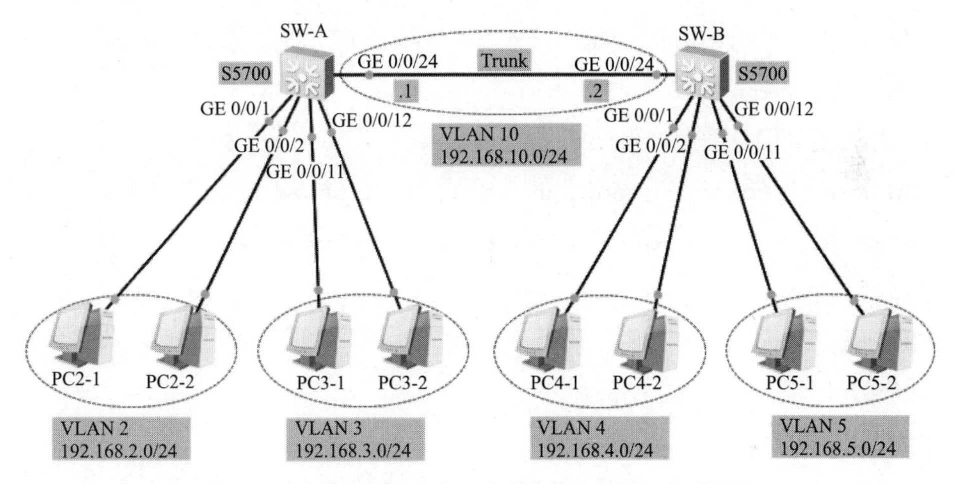

图10–1 交换机配置VLANIF和静态路由实现VLAN间通信

六、实验步骤

步骤1：启动所有设备，见表10–1，为PC配置IPv4地址、子网掩码和默认网关。

表10–1 PC的IPv4地址、网关、VLAN及所连端口

名称	IPv4地址	网关	VLAN	所连端口
PC2–1	192.168.2.2/24	192.168.2.1	VLAN 2	SW–A:GE 0/0/1
PC2–2	192.168.2.3/24	192.168.2.1	VLAN 2	SW–A:GE 0/0/2
PC3–1	192.168.3.2/24	192.168.3.1	VLAN 3	SW–A:GE 0/0/11
PC3–2	192.168.3.3/24	192.168.3.1	VLAN 3	SW–A:GE 0/0/12
PC4–1	192.168.4.2/24	192.168.4.1	VLAN 4	SW–B:GE 0/0/1
PC4–2	192.168.4.3/24	192.168.4.1	VLAN 4	SW–B:GE 0/0/2
PC5–1	192.168.5.2/24	192.168.5.1	VLAN 5	SW–B:GE 0/0/11
PC5–2	192.168.5.3/24	192.168.5.1	VLAN 5	SW–B:GE 0/0/12

步骤2：在交换机SW-A上配置VLAN和VLANIF。

```
<Huawei>system-view
#修改交换机名称
[Huawei]sysname SW-A
#创建VLAN 2、3、10
[SW-A]vlan batch 2 to 3 10
#创建端口组，名称为group1
[SW-A]port-group group1
#将端口GE0/0/1 to GE0/0/10加入端口组中
[SW-A-port-group-group1]group-member GigabitEthernet 0/0/1 to GigabitEthernet 0/0/10
#批量设置端口类型为access，加入VLAN 2
[SW-A-port-group-group1]port link-type access
[SW-A-port-group-group1]port default vlan 2
[SW-A-port-group-group1]quit
[SW-A]
#创建端口组，名称为group2
[SW-A]port-group group2
#将端口GE0/0/11 to GE0/0/20加入端口组中
[SW-A-port-group-group2]group-member GigabitEthernet 0/0/11 to GigabitEthernet 0/0/20
#批量设置端口类型为access，加入VLAN 3
[SW-A-port-group-group2]port link-type access
[SW-A-port-group-group2]port default vlan 3
[SW-A-port-group-group2]quit
[SW-A]
#设置GE0/0/24端口类型为trunk，允许的VLAN 为2、3、10
[SW-A]interface GigabitEthernet0/0/24
[SW-A-GigabitEthernet0/0/24] port link-type trunk
[SW-A-GigabitEthernet0/0/24] port trunk allow-pass vlan 2 3 10
[SW-A-GigabitEthernet0/0/24]quit
```

```
[SW-A]
#配置VLAN 2的逻辑端口地址
[SW-A]interface vlanif  2
[SW-A-Vlanif2]ip address 192.168.2.1  255.255.255.0
[SW-A-Vlanif2]quit
[SW-A]
#配置VLAN 3的逻辑端口地址
[SW-A]interface vlanif  3
[SW-A-Vlanif3]ip address 192.168.3.1  255.255.255.0
[SW-A-Vlanif3]quit
[SW-A]
#配置VLAN 10的逻辑端口地址
[SW-A]interface vlanif  10
[SW-A-Vlanif10]ip address 192.168.10.1  255.255.255.0
[SW-A-Vlanif10]quit
[SW-A]
#查看VLAN配置信息
<SW-A>display vlan
#查看端口的IP地址
<SW-A>display ip interface  brief
#查看IP路由表
<SW-A>display ip routing-table
```

步骤3：在交换机SW-B上配置VLAN和VLANIF。

```
<Huawei>system-view
#修改交换机名称
[Huawei]sysname SW-B
#创建VLAN 4、5、10
[SW-B]vlan batch 4 to 5 10
#创建端口组，名称为group1
[SW-B]port-group group1
#将端口GE0/0/1 to GE0/0/10加入端口组中
[SW-B-port-group-group1]group-member GigabitEthernet  0/0/1
```

to GigabitEthernet 0/0/10

#批量设置端口类型为access，加入VLAN 4

[SW-B-port-group-group1]port link-type access

[SW-B-port-group-group1]port default vlan 4

[SW-B-port-group-group1]quit

[SW-B]

#创建端口组，名称为group2

[SW-B]port-group group2

#将端口GE0/0/11 to GE0/0/20加入端口组中

[SW-B-port-group-group2]group-member GigabitEthernet 0/0/11 to GigabitEthernet 0/0/20

#批量设置端口类型为access，加入VLAN 5

[SW-B-port-group-group2]port link-type access

[SW-B-port-group-group2]port default vlan 5

[SW-B-port-group-group2]quit

[SW-B]

#设置GE0/0/24端口类型为trunk，允许的VLAN 为4、5、10

[SW-B]interface GigabitEthernet0/0/24

[SW-B-GigabitEthernet0/0/24] port link-type trunk

[SW-B-GigabitEthernet0/0/24] port trunk allow-pass vlan 4 5 10

[SW-B-GigabitEthernet0/0/24]quit

[SW-B]

#配置VLAN 4的逻辑端口地址

[SW-B]interface vlanif 4

[SW-B-Vlanif4]ip address 192.168.4.1 255.255.255.0

[SW-B-Vlanif4]quit

[SW-B]

#配置VLAN 5的逻辑端口地址

[SW-B]interface vlanif 5

[SW-B-Vlanif5]ip address 192.168.5.1 255.255.255.0

[SW-B-Vlanif5]quit

[SW-B]

#配置VLAN 10的逻辑端口地址

[SW-B]interface vlanif 10

[SW-B-Vlanif10]ip address 192.168.10.2 255.255.255.0

[SW-B-Vlanif10]quit

[SW-B]

#查看所有VLAN的配置信息

[SW-B]display vlan

#查看所有端口的简要信息

[SW-B]display interface brief

#查看VLANIF的配置信息

[SW-B]display ip interface Vlanif 2

#查看端口的IP地址简要信息

[SW-B]display ip interface brief

#查看IP路由表

[SW-B]display ip routing-table

步骤4：测试各VLAN间的连通性，特别要测试不同交换机上VLAN间的连通性。在PC2-1上执行下面命令，经测试发现，在同一交换机上各PC之间可以相互ping通，在不同交换机上各PC之间无法ping通。

#测试在同一交换机上且属于同一VLAN的PC之间的连通性

ping 192.168.2.3

#测试在同一交换机上但属于不同VLAN的PC之间的连通性

ping 192.168.3.3

#测试在不同交换机上且属于不同VLAN的PC之间的连通性

ping 192.168.4.3

ping 192.168.5.3

步骤5：在交换机SW-A上配置静态路由。

#配置到VLAN 4和VLAN 5的静态路由

#目的网络为192.168.4.0，子网掩码为255.255.255.0，下一跳地址为192.168.10.2

[SW-A]ip route-static 192.168.4.0 255.255.255.0 192.168.10.2

#目的网络为192.168.5.0，子网掩码为255.255.255.0，下一跳地址为192.168.10.2

[SW-A]ip route-static 192.168.5.0 255.255.255.0 192.168.10.2

#查看IP路由表

[SW-A]display ip routing-table

#查看目的地址为192.168.4.0的IP路由表

[SW-A]display ip routing-table 192.168.4.0

步骤6：测试不同交换机上VLAN间的连通性。在PC2-1上执行ping命令，测试PC2-1与PC4-1的连通性，测试PC2-1与PC5-1的连通性，并分析其原因。

步骤7：在交换机SW-B上配置静态路由或默认路由。使用默认路由不仅能够实现与静态路由同样的效果，还能减少配置量。在配置过程中，特别要注意操作的顺序。正确顺序是先配置默认路由，再删除原有的静态路由。这样的操作可以避免网络出现通信中断，在配置过程中需要注意操作的规范性和合理性。

#配置到VLAN 2和VLAN 3的静态路由

#目的网络为192.168.2.0，子网掩码为255.255.255.0，下一跳地址为192.168.10.1

[SW-B]ip route-static 192.168.2.0 255.255.255.0 192.168.10.1

#目的网络为192.168.3.0，子网掩码为255.255.255.0，下一跳地址为192.168.10.1

[SW-B]ip route-static 192.168.3.0 255.255.255.0 192.168.10.1

#上面两句静态路由也可以用一句默认路由代替

#目的网络为0.0.0.0，子网掩码为0.0.0.0，下一跳地址为192.168.10.1

[SW-B]ip route-static 0.0.0.0 0.0.0.0 192.168.10.1

[SW-B]undo ip route-static 192.168.2.0 255.255.255.0 192.168.10.1

[SW-B]undo ip route-static 192.168.3.0 255.255.255.0 192.168.10.1

#查看IP路由表

[SW-B]display ip routing-table

```
#查看目的地址为192.168.2.0的IP路由表
[SW-B]display ip routing-table  192.168.2.0
```

步骤8：测试不同交换机上VLAN间的连通性。

在PC2-1上执行ping命令，测试PC2-1与PC4-1的连通性，测试 PC2-1与PC5-1的连通性，经测试加静态路由后不同交换机不同VLAN之间可以ping通。

整理PC2-1、PC4-1和网关等的IP地址和MAC地址见表10-2。在交换机SW-A的GE 0/0/1和GE 0/0/24端口上启用Wireshark网络抓包，在交换机SW-B的GE 0/0/1和GE 0/0/24端口上启用Wireshark网络抓包，完成第七部分思考・动手。

表10-2　PC等的IPv4地址、MAC地址和所连端口

名称	IPv4地址	MAC地址	所连端口
PC2-1	192.168.2.2	54-89-98-FF-4F-D8	SW-A:GE0/0/1
Vlan 2网关	192.168.2.1	4C-1F-CC-E7-6D-0B	Vlanif2
PC4-1	192.168.4.2	54-89-98-CF-55-E5	SW-B:GE0/0/1
Vlan 4网关	192.168.4.1	4C-1F-CC-F6-09-41	Vlanif4
交换机SW-A	—	4C-1F-CC-E7-6D-0B	—
交换机SW-B	—	4C-1F-CC-F6-09-41	—

七、思考・动手

（1）通过实验请补充完整步骤8中的表10-3、表10-4的内容。

（2）整理IP数据包经路由转发后，源IP、源MAC、目的IP、目的MAC的变化规律。

（3）尝试分别把SW-A和SW-B交换机的GE0/0/24端口类型修改为access，允许的VLAN修改为10，然后测试网络的连通性。

表10-3　ICMP请求数据包的源地址和目的地址

	网络层		数据链路层	
	写入IP数据报首部的地址		写入MAC帧首部的地址	
	源IP地址	目的IP地址	源MAC	目的MAC
PC2-1到SW-A				
SW-A到SW-B				
SW-B到PC4-1				

表10-4 ICMP响应数据包的源地址和目的地址

	网络层		数据链路层	
	写入IP数据报首部的地址		写入MAC帧首部的地址	
	源IP地址	目的IP地址	源MAC	目的MAC
PC4-1到SW-B				
SW-B到SW-A				
SW-A到PC2-1				

实验11　路由器的基本配置

一、实验目的

（1）了解路由器的作用。

（2）了解路由和路由表的作用。

（3）掌握路由器的基本配置方法。

（4）掌握静态路由和默认路由的配置方法。

二、实验设备及工具

华为AR3260路由器3台，PC 3台。

三、实验原理（背景知识）

路由器是一种具有多个输入、输出接口（端口）的专用计算机，是在网络层上实现多个网络互连的网络设备。

路由器工作在OSI参考模型第三层（网络层），主要功能是路由选择和转发分组。路由是IP分组从源地址到目的地址的路径。为了转发IP分组，路由器需要维护一张路由表，路由表中的每一条路由至少具有五个属性：目的网络（Destination）、网络掩码（Mask）、下一跳地址（Next hop）、接口（Interface）、跃点数（Metric）。

目的网络地址和掩码相与的结果用于定义到达目的网络的地址范围；下一跳地址通常是指要到达目的网络需要经过的本路由器能够到达的下一个路由器的IP地址；接口定义了针对目的网络地址，本地路由器用于发送数据包的网络接口；跃点数用于指出路由的成本，一个跃点代表经过一个路由器。当具有多条到达相同目的网络的路由项时，路由器会选择具有更低跃点数的路由项。

路由器转发IP分组时，只根据IP分组的目的IP地址的网络号，选择合适的端口，把IP分组转发出去。同主机一样，路由器也要判定端口所连的网络是否是目的子网，如果是，就直接把分组通过端口送到网络上（直接交付），否则，选择下一个路由器来传送分组。

路由器有多个端口，用于连接多个IP子网。每个端口的IP地址网络号要求与所连接的IP子网的网络号相同。不同的端口分配不同的网络号，对应不同的IP子网。

四、实验任务及要求

如图11-1所示，使用三台华为AR3260路由器连成环状网络，将不同IP网段的三个PC用户网络连在一起，为简化设计，仅使用三台PC直接连到路由器端口上，请配置路由器实现三个PC用户网络相互能访问。

五、实验拓扑图

路由器配置静态路由实现网络互联，如图11-1所示。

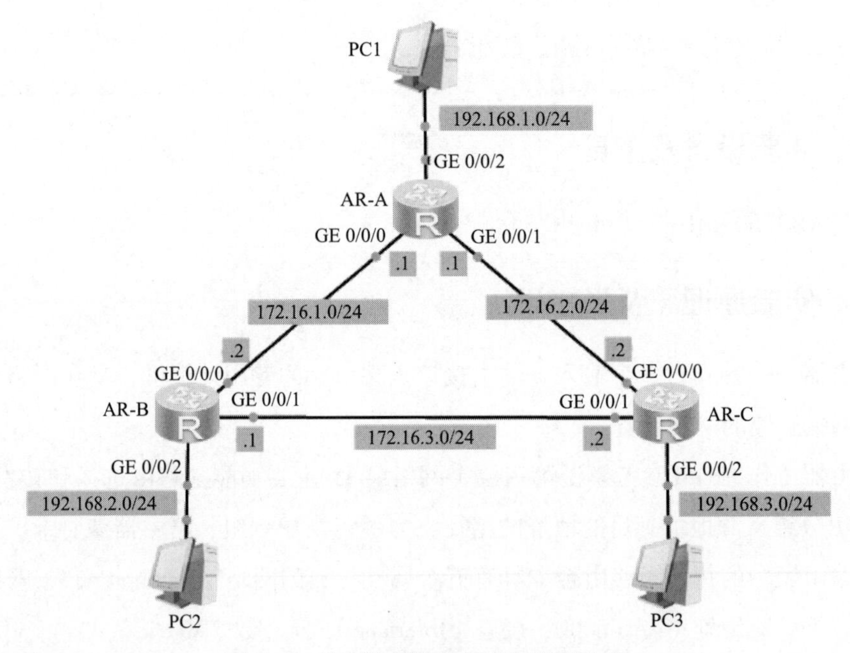

图11-1　路由器配置静态路由实现网络互联

六、实验步骤

步骤1：启动所有设备，见表11-1，为PC配置IPv4地址、子网掩码和网关。

表11-1 PC和路由器端口的IPv4地址

名称	IPv4地址	网关
PC1	192.168.1.2/24	192.168.1.1
PC2	192.168.2.2/24	192.168.2.1
PC3	192.168.3.2/24	192.168.3.1
路由器AR-A		
AR-A:GE 0/0/0	172.16.1.1/24	
AR-A:GE 0/0/1	172.16.2.1/24	
AR-A:GE 0/0/2	192.168.1.1/24	
路由器AR-B		
AR-B:GE 0/0/0	172.16.1.2/24	
AR-B:GE 0/0/1	172.16.3.1/24	
AR-B:GE 0/0/2	192.168.2.1/24	
路由器AR-C		
AR-C:GE 0/0/0	172.16.2.2/24	
AR-C:GE 0/0/1	172.16.3.2/24	
AR-C:GE 0/0/2	192.168.3.1/24	

步骤2：配置路由器AR-A的端口地址。

```
<Huawei>system-view
#修改路由器名称
[Huawei]sysname AR-A
#配置连接路由器AR-B的GE0/0/0端口的IP地址
[AR-A]interface GigabitEthernet 0/0/0
[AR-A-GigabitEthernet0/0/0]ip address 172.16.1.1 24
[AR-A-GigabitEthernet0/0/0]quit
[AR-A]
#配置连接路由器AR-C的GE0/0/1端口的IP地址
[AR-A]interface GigabitEthernet 0/0/1
[AR-A-GigabitEthernet0/0/1]ip address 172.16.2.1 24
[AR-A-GigabitEthernet0/0/1]quit
```

```
[AR-A]
#配置连接PC1的GE0/0/2端口的IP地址
[AR-A]interface GigabitEthernet 0/0/2
[AR-A-GigabitEthernet0/0/2]ip address 192.168.1.1 24
[AR-A-GigabitEthernet0/0/2]quit
[AR-A]quit
#保存当前配置
<AR-A>save
```

步骤3：配置路由器AR-B的端口地址。

```
<Huawei>system-view
#修改路由器名称
[Huawei]sysname AR-B
#配置连接路由器AR-A的GE0/0/0端口的IP地址
[AR-B]interface GigabitEthernet 0/0/0
[AR-B-GigabitEthernet0/0/0]ip address 172.16.1.2 24
[AR-B-GigabitEthernet0/0/0]quit
[AR-B]
#配置连接路由器AR-C的GE0/0/1端口的IP地址
[AR-B]interface GigabitEthernet 0/0/1
[AR-B-GigabitEthernet0/0/1]ip address 172.16.3.1 24
[AR-B-GigabitEthernet0/0/1]quit
[AR-B]
#配置连接PC2的GE0/0/2端口的IP地址
[AR-B]interface GigabitEthernet 0/0/2
[AR-B-GigabitEthernet0/0/1]ip address 192.168.2.1 24
[AR-B-GigabitEthernet0/0/1]quit
[AR-B]quit
<AR-B>save
```

步骤4：配置路由器AR-C的端口地址。

```
<Huawei>system-view
#修改路由器名称
[Huawei]sysname AR-C
```

#配置连接路由器AR-A的GE0/0/0端口的IP地址

```
[AR-C]interface GigabitEthernet 0/0/0
[AR-C-GigabitEthernet0/0/0]ip address 172.16.2.2 24
[AR-C-GigabitEthernet0/0/0]quit
[AR-C]
```

#配置连接路由器AR-B的GE0/0/1端口的IP地址

```
[AR-C]interface GigabitEthernet 0/0/1
[AR-C-GigabitEthernet0/0/1]ip address 172.16.3.2 24
[AR-C-GigabitEthernet0/0/1]quit
[AR-C]
```

#配置连接PC3的GE0/0/2端口的IP地址

```
[AR-C]interface GigabitEthernet 0/0/2
[AR-C-GigabitEthernet0/0/1]ip address 192.168.3.1 24
[AR-C-GigabitEthernet0/0/1]quit
[AR-C]quit
<AR-C>save
```

步骤5： 配置路由器静态路由或默认路由。

#配置路由器AR-A静态路由

```
[AR-A]ip route-static 192.168.2.0 255.255.255.0 172.16.1.2
[AR-A]ip route-static 192.168.3.0 255.255.255.0 172.16.2.2
```

#查看路由器路由表

```
[AR-A] display ip routing-table
[AR-A]quit
<AR-A>save
```

#配置路由器AR-B静态路由

```
[AR-B]ip route-static 192.168.1.0 255.255.255.0 172.16.1.1
[AR-B]ip route-static 192.168.3.0 255.255.255.0 172.16.3.2
```

#查看路由器路由表

```
[AR-B] display ip routing-table
[AR-B]quit
<AR-B>save
#配置路由器AR-C静态路由
[AR-C]ip route-static 192.168.1.0  255.255.255.0 172.16.2.1
[AR-C]ip route-static 192.168.2.0  255.255.255.0 172.16.3.1
#路由器AR-C配置默认路由，与配置静态路由效果相当
[AR-C]ip route-static 0.0.0.0 0.0.0.0 172.16.2.1
#删除静态路由，注意必须先配置默认路由，然后再删除静态路由
[AR-C]undo ip route-static 192.168.1.0 255.255.255.0 172.16.2.1
[AR-C]undo ip route-static 192.168.2.0 255.255.255.0 172.16.3.1
#查看路由器路由表
[AR-C] display ip routing-table
[AR-C]quit
<AR-C>save
```

步骤6：测试网络连通性。

在PC1命令窗口中输入ping命令，测试能否与PC2、PC3连通，经测试二者可以相互ping通。

```
PC>ping 192.168.2.2
PC>ping 192.168.3.2
```

在PC2命令窗口中输入ping命令，测试能否与PC1、PC3连通，经测试二者可以相互ping通。

```
PC>ping 192.168.1.2
PC>ping 192.168.3.2
```

步骤7：在路由器AR-C的GE 0/0/0与GE 0/0/1端口上启用Wireshark网络抓包，在PC3命令窗口中输入ping 192.168.2.2，观察抓取到的ICMP请求数据包和响应数据包，完成第七部分思考与动手。在PC2上执行tracert 192.168.3.2命令，在PC3上执行tracert 192.168.2.2命令，观察结果有何不同？为什么？

七、思考·动手

（1）在步骤7中路由器AR-C的哪个端口抓到了ICMP的Request数据包？哪个端口抓到ICMP的Reply数据包？为什么Request数据包和Reply数据包走了不同的路由?

（2）参考在交换机上配置telnet的方法，尝试在路由器上配置telnet功能。

实验 12　路由器配置静态路由实现网络互连

一、实验目的

（1）掌握路由器配置静态路由实现VLAN之间通信。

（2）掌握路由器配置静态路由实现IP子网之间通信。

（3）掌握数据包跨路由器后IP地址和MAC地址的变化规律。

二、实验设备及工具

华为S5700交换机2台，华为路由器AR3260 2台，PC 8台。

三、实验原理（背景知识）

实验原理与实验10中的实验原理相同，在此不再赘述。

四、实验任务及要求

如图12-1所示，SW-A交换机配置三个VLAN：VLAN2、VLAN3、VLAN10，SW-B交换机配置三个VLAN：VLAN4、VLAN5、VLAN11，两台交换机通过路由器AR-A与Internet公网实现互连。由于业务需要，VLAN2、VLAN3、VLAN4、VLAN5各业务VLAN之间也需要通信，请配置交换机和路由器实现上述业务要求。申请的ISP公网地址段为202.165.200.0/29, 202.165.200.1为AR-B路由器GE 0/0/0端口的IP地址。

五、实验拓扑图

路由器配置静态路由实现网络互连，如图12-1所示。

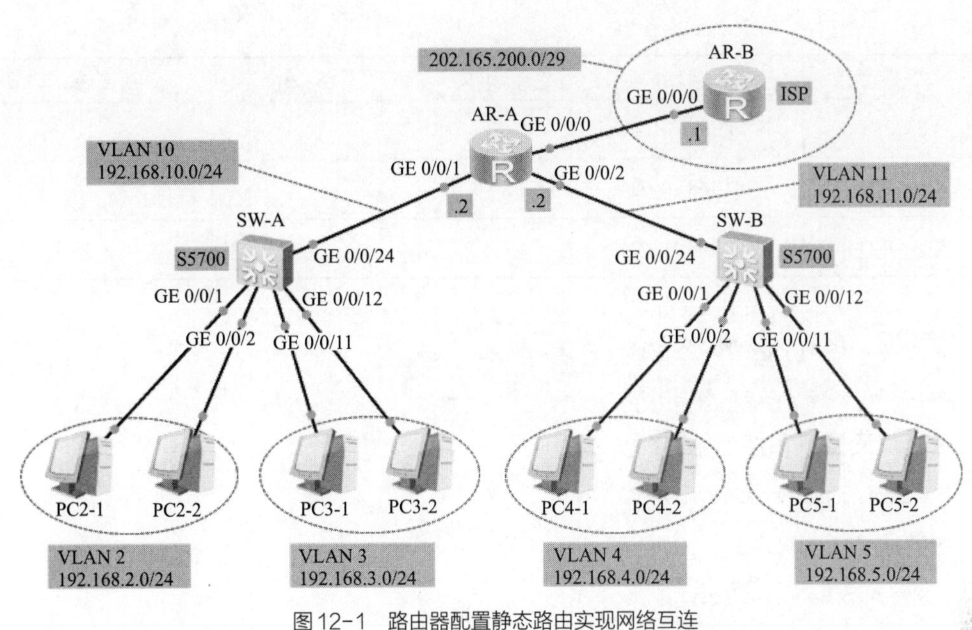

图12-1　路由器配置静态路由实现网络互连

六、实验步骤

步骤1：启动所有设备，见表12-1，为PC配置IPv4地址、子网掩码和网关。

表12-1　PC、路由器端口和VLANIF的IPv4地址

名称	IPv4地址	网关	VLAN	所连端口
PC2-1	192.168.2.2/24	192.168.2.1	VLAN 2	SW-A:GE 0/0/1
PC2-2	192.168.2.3/24	192.168.2.1	VLAN 2	SW-A:GE 0/0/2
PC3-1	192.168.3.2/24	192.168.3.1	VLAN 3	SW-A:GE 0/0/11
PC3-2	192.168.3.3/24	192.168.3.1	VLAN 3	SW-A:GE 0/0/12
PC4-1	192.168.4.2/24	192.168.4.1	VLAN 4	SW-B:GE 0/0/1
PC4-2	192.168.4.3/24	192.168.4.1	VLAN 4	SW-B:GE 0/0/2
PC5-1	192.168.5.2/24	192.168.5.1	VLAN 5	SW-B:GE 0/0/11
PC5-2	192.168.5.3/24	192.168.5.1	VLAN 5	SW-B:GE 0/0/12
AR-B:GE0/0/0	202.165.200.1/29			
AR-A:GE0/0/0	202.165.200.2/29			
AR-A:GE0/0/1	192.168.10.2/24			
AR-A:GE0/0/2	192.168.11.2/24			
VLANIF2	192.168.2.1/24			
VLANIF3	192.168.3.1/24			
VLANIF4	192.168.4.1/24			

续表

名称	IPv4地址	网关	VLAN	所连端口
VLANIF5	192.168.5.1/24			
VLANIF10	192.168.10.1/24			
VLANIF11	192.168.11.1/24			

步骤2：配置交换机SW-A。

```
<Huawei>system-view
#修改交换机名称
[Huawei]sysname SW-A
#创建VLAN 2、3、10
[SW-A]vlan batch 2 to 3 10
#创建端口组，名称为group1
[SW-A]port-group group1
#将端口GE0/0/1 to GE0/0/10加入端口组中
[SW-A-port-group-group1]group-member GigabitEthernet 0/0/1 to GigabitEthernet 0/0/10
#批量设置端口类型为access，加入VLAN 2
[SW-A-port-group-group1]port link-type access
[SW-A-port-group-group1]port default vlan 2
[SW-A-port-group-group1]quit
[SW-A]
#创建端口组，名称为group2
[SW-A]port-group group2
#将端口GE0/0/11 to GE0/0/20加入端口组中
[SW-A-port-group-group2]group-member GigabitEthernet 0/0/11 to GigabitEthernet 0/0/20
#批量设置端口类型为access，加入VLAN 3
[SW-A-port-group-group2]port link-type access
[SW-A-port-group-group2]port default vlan 3
[SW-A-port-group-group2]quit
[SW-A]
```

```
#设置GE0/0/24端口类型为access，加入VLAN 10
[SW-A]interface GigabitEthernet0/0/24
[SW-A-GigabitEthernet0/0/24] port link-type access
[SW-A-GigabitEthernet0/0/24] port default vlan 11
[SW-A-GigabitEthernet0/0/24]quit
[SW-A]
#配置VLAN 2的逻辑端口地址
[SW-A]interface vlanif  2
[SW-A-Vlanif2]ip address 192.168.2.1  255.255.255.0
[SW-A-Vlanif2]quit
[SW-A]
#配置VLAN 3的逻辑端口地址
[SW-A]interface vlanif  3
[SW-A-Vlanif3]ip address 192.168.3.1  255.255.255.0
[SW-A-Vlanif3]quit
[SW-A]
#配置VLAN 10的逻辑端口地址
[SW-A]interface vlanif  10
[SW-A-Vlanif10]ip address 192.168.10.1  255.255.255.0
[SW-A-Vlanif10]quit
[SW-A]
#查看所有VLAN的配置信息
[SW-A]display vlan
#查看所有端口的简要信息
[SW-A]display interface brief
#查看VLANIF的配置信息
[SW-A]display ip interface Vlanif 2
#查看端口的IP地址
[SW-A]display ip interface  brief
#配置默认路由
#目的网络为0.0.0.0，子网掩码为0.0.0.0，下一跳地址为192.168.10.2
[SW-A]ip route-static  0.0.0.0  0.0.0.0  192.168.10.2
```

```
#查看IP路由表
[SW-A]display ip routing-table
#查看目的地址为192.168.4.0的IP路由表
[SW-A]display ip routing-table  192.168.4.0
[SW-A]quit
< SW-A>save
```

步骤3：配置交换机SW-B。

```
<Huawei>system-view
#修改交换机名称
[Huawei]sysname SW-B
#创建VLAN 4、5、11
[SW-B]vlan batch 4 to 5 11
#创建端口组，名称为group1
[SW-B]port-group group1
#将端口GE0/0/1 to GE0/0/10加入端口组中
[SW-B-port-group-group1]group-member GigabitEthernet 0/0/1
to GigabitEthernet 0/0/10
#批量设置端口类型为access，加入VLAN 4
[SW-B-port-group-group1]port link-type access
[SW-B-port-group-group1]port default vlan 4
[SW-B-port-group-group1]quit
[SW-B]
#创建端口组，名称为group2
[SW-B]port-group group2
#将端口GE0/0/11 to GE0/0/20加入端口组中
[SW-B-port-group-group2]group-member GigabitEthernet 0/0/11
to GigabitEthernet 0/0/20
#批量设置端口类型为access，加入VLAN 5
[SW-B-port-group-group2]port link-type access
[SW-B-port-group-group2]port default vlan 5
[SW-B-port-group-group2]quit
[SW-B]
```

```
#设置GE0/0/24端口类型为access，加入VLAN 11
[SW-B]interface GigabitEthernet0/0/24
[SW-B-GigabitEthernet0/0/24] port link-type access
[SW-B-GigabitEthernet0/0/24] port default vlan 11
[SW-B-GigabitEthernet0/0/24]quit
[SW-B]
#配置VLAN 4的逻辑端口地址
[SW-B]interface vlanif  4
[SW-B-Vlanif4]ip address 192.168.4.1  255.255.255.0
[SW-B-Vlanif4]quit
[SW-B]
#配置VLAN 5的逻辑端口地址
[SW-B]interface vlanif  5
[SW-B-Vlanif5]ip address 192.168.5.1  255.255.255.0
[SW-B-Vlanif5]quit
[SW-B]
#配置VLAN 11的逻辑端口地址
[SW-B]interface vlanif  11
[SW-B-Vlanif11]ip address 192.168.11.1  255.255.255.0
[SW-B-Vlanif11]quit
[SW-B]
#查看所有VLAN的配置信息
[SW-B]display vlan
#查看所有端口的简要信息
[SW-B]display interface brief
#查看VLANIF的配置信息
[SW-B]display ip interface Vlanif 2
#查看端口的IP地址
[SW-B]display ip interface  brief
#配置默认路由
#目的网络为0.0.0.0，子网掩码为0.0.0.0，下一跳地址为192.168.11.2
[SW-B]ip route-static  0.0.0.0  0.0.0.0  192.168.11.2
```

```
#查看IP路由表
[SW-B]display ip routing-table
#查看目的地址为192.168.2.0的IP路由表
[SW-B]display ip routing-table  192.168.2.0
[SW-B]quit
<SW-B>save
```

步骤4：配置路由器AR-A。

```
<Huawei>system-view
#修改路由器名称
[Huawei]sysname AR-A
#配置连接路由器AR-B的GE0/0/0端口的IP地址
[AR-A]interface GigabitEthernet 0/0/0
[AR-A-GigabitEthernet0/0/0]ip address 202.165.200.2  29
[AR-A-GigabitEthernet0/0/0]quit
[AR-A]
#配置连接交换机SW-A的GE0/0/1端口的IP地址
[AR-A]interface GigabitEthernet 0/0/1
[AR-A-GigabitEthernet0/0/1]ip address 192.168.10.2  24
[AR-A-GigabitEthernet0/0/1]quit
[AR-A]
#配置连接交换机SW-B的GE0/0/2端口的IP地址
[AR-A]interface GigabitEthernet 0/0/2
[AR-A-GigabitEthernet0/0/2]ip address 192.168.11.2  24
[AR-A-GigabitEthernet0/0/2]quit
[AR-A]
#配置到VLAN2、3、4、5的路由
[AR-A]ip route-static 192.168.2.0  255.255.255.0  192.168.10.1
[AR-A]ip route-static 192.168.3.0  255.255.255.0  192.168.10.1
[AR-A]ip route-static 192.168.4.0  255.255.255.0  192.168.11.1
[AR-A]ip route-static 192.168.5.0  255.255.255.0  192.168.11.1
#配置访问公网的默认路由
[AR-A]ip route-static 0.0.0.0  0.0.0.0  202.165.200.1
```

```
[AR-A]
#查看IP路由表
[AR-A]display ip routing-table
#查看目的地址为202.165.200.1的IP路由表
[AR-A]display ip routing-table  202.165.200.1
[AR-A]quit
<AR-A>save
```

步骤5：配置路由器AR-B。

```
<Huawei>system-view
#修改路由器名称
[Huawei]sysname AR-B
#配置连接路由器AR-A的GE0/0/0端口的IP地址
[AR-B]interface  GigabitEthernet 0/0/0
[AR-B-GigabitEthernet0/0/0]ip address 202.165.200.1  24
[AR-B-GigabitEthernet0/0/0]quit
[AR-B]
#配置默认路由
[AR-B]ip route-static 0.0.0.0  0.0.0.0  202.165.200.2
[AR-B]quit
<AR-B>save
```

步骤6：测试网络连通性。

测试PC2-1与PC3-1的连通性，在PC2-1上执行下面的ping命令，经测试二者可以ping通。

```
PC>ping 192.168.3.2
```

测试PC4-1与PC5-1的连通性，在PC4-1上执行下面的ping命令，经测试二者可以ping通。

```
PC>ping 192.168.5.2
```

测试交换机之间内网的连通性，在PC2-1上执行下面的ping命令，经测试PC2-1与PC4-1二者可以ping通，PC2-1与PC5-1二者可以ping通。

```
PC>ping 192.168.4.2
PC>ping 192.168.5.2
```

测试各VLAN访问公网的连通性，在PC2-1和PC4-1上分别执行下面的ping命令，测试PC2-1与公网的连通性，测试PC4-1与公网的连通性，经测试二者都可以ping通公网IP地址202.165.200.1。

```
PC>ping 202.165.200.1
```

七、思考·动手

（1）在交换机SW-A上添加静态路由，删除默认路由，然后按步骤6测试网络连通性。

（2）在路由器AR-B上删除默认路由，然后在PC2-1上ping 202.165.200.1，测试与公网的的连通性，并分析其原因。

（3）在交换机SW-A的 GE0/0/1、GE0/0/24端口，路由器AR-A的GE0/0/1、GE0/0/2端口，交换机SW-B的GE0/0/1、GE0/0/24端口启用Wireshark网络抓包，从主机PC2-1 ping 主机PC4-1，通过Wireshark抓取ICMP数据包，分析IP地址和MAC地址变化规律。

（4）在交换机SW-A、SW-B及AR-A上分别查看路由表，然后在PC2-1上分别tracert 192.168.4.2 ，tracert 202.165.200.1，分析路由的设置是否与tracert的结果一致。

实验13　路由聚合与最长前缀匹配路由

一、实验目的

（1）掌握路由聚合原理。

（2）掌握最长前缀匹配路由原理。

（3）掌握静态路由简化配置方法。

二、实验设备及工具

华为AR3260路由器3台，4端口-GE电口WAN接口卡4GEW-T，PC若干台。

三、实验原理（背景知识）

1. 路由聚合

路由聚合有利于减少路由器路由表的条目，从而可以节省路由器内存，缩短路由器搜索路由的时间，也可以减少路由器之间交换的路由信息。下面给出路由聚合的分析过程：给定一组网络地址，192.168.16.0~192.168.31.0，请将这些C类网络地址聚合到一个网络地址块中。如果不进行汇总的话，路由表中将会有很多条记录。

第一步：写出二进制。

16：0001，0000

17：0001，0001

18：0001，0010

……

30：0001，1110

31：0001，1111

第二步：汇总地址段，第三段的掩码为1111，0000，因此得到聚合地址为192.168.16.0/20，即网络地址为192.168.16.0，子网掩码为255.255.240.0。

2. 最长前缀匹配路由

路由表中的每个表项都指定了一个目的网络，所以给定一个地址可能与多个表项匹配，但是最长前缀匹配算法选择子网掩码最长的路由表项，即在路由表中，选择具有最长网络前缀的路由，这是因为网络前缀越长，匹配得越多，地址块越小，路由就越具体、越准确。例如，路由表中目的网络如下：

192.168.0.0/16

192.168.20.0/24

192.168.20.16/28

在查找地址192.168.20.19的时候，这三个表项都“匹配”。也就是说，三个表项都包含要查找的地址。这种情况下，选择前缀最长的路由就是192.168.20.16/28，因为它的子网掩码比其他表项的掩码要长，目的网络更具体、更准确。

四、实验任务及要求

如图13-1所示，三台路由器连接众多网段，请使用路由聚合技术和最长前缀匹配路由技术简化路由表的设置。

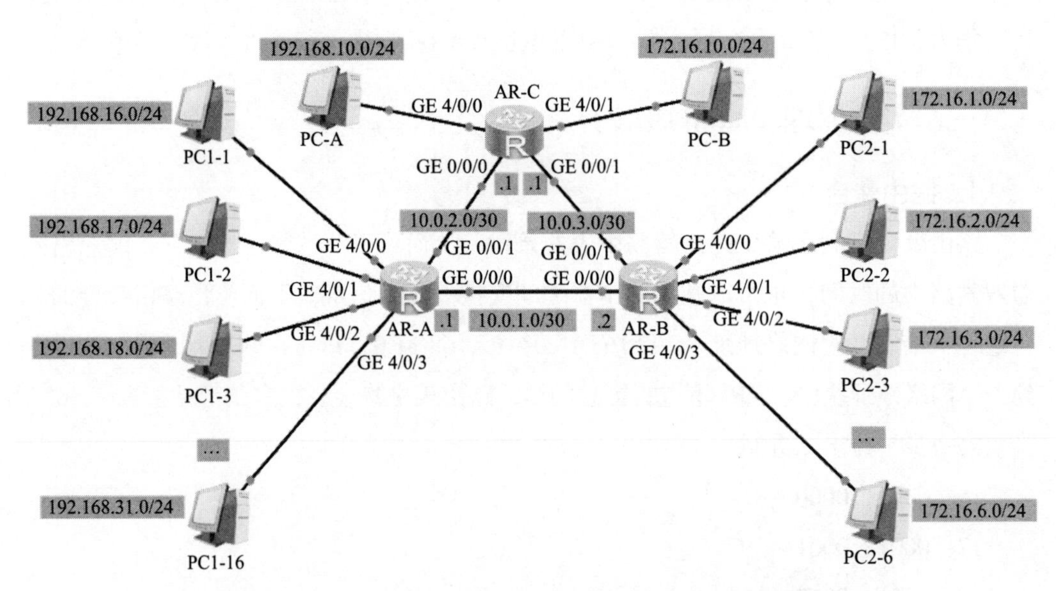

图13-1 路由器配置聚合地址与最长前缀匹配路由实现IP子网互连

五、实验拓扑图

路由器配置聚合地址与最长前缀匹配路由实现IP子网互连，如图13-1所示。

六、实验步骤

步骤1：为三台路由器分别添加4端口-GE电口WAN接口卡4GEW-T模块，启动所有设备，见表13-1为PC配置IPv4地址、子网掩码和网关。

表13-1 PC和路由器端口的IPv4地址

名称	IPv4地址	网关	所连端口
PC-A	192.168.10.2/24	192.168.10.1	AR-C:GE 4/0/0
PC1-1	192.168.16.2/24	192.168.16.1	AR-A:GE 4/0/0
PC1-2	192.168.17.2/24	192.168.17.1	AR-A:GE 4/0/1
PC1-3	192.168.18.2/24	192.168.18.1	AR-A:GE 4/0/2
PC1-16	192.168.31.2/24	192.168.31.1	AR-A:GE 4/0/3
PC-B	172.16.10.2	172.16.10.1	AR-C:GE 4/0/1
PC2-1	172.16.1.2/24	172.16.1.1	AR-B:GE 4/0/0
PC2-2	172.16.2.2/24	172.16.2.1	AR-B:GE 4/0/1
PC2-3	172.16.3.2/24	172.16.3.1	AR-B:GE 4/0/2
PC2-6	172.16.6.2/24	172.16.6.1	AR-B:GE 4/0/3
路由器AR-A			
AR-A:GE0/0/0	10.0.1.1		
AR-A:GE0/0/1	10.0.2.2		
AR-A:GE4/0/0	192.168.16.1		
AR-A:GE4/0/1	192.168.17.1		
AR-A:GE4/0/2	192.168.18.1		
AR-A:GE4/0/3	192.168.31.1		
路由器AR-B			
AR-B:GE0/0/0	10.0.1.2		
AR-B:GE0/0/1	10.0.3.2		
AR-B:GE4/0/0	172.16.1.1		
AR-B:GE4/0/1	172.16.2.1		
AR-B:GE4/0/2	172.16.3.1		
AR-B:GE4/0/3	172.16.6.1		
路由器 AR-C			
AR-C:GE0/0/0	10.0.2.1		

续表

名称	IPv4地址	网关	所连端口
AR-C:GE0/0/1	10.0.3.1		
AR-C:GE4/0/0	192.168.10.1		
AR-C:GE4/0/1	172.16.10.1		

步骤2：配置路由器AR-A的端口地址。

```
<Huawei>system-view
#修改路由器名称
[Huawei]sysname AR-A
#配置连接路由器AR-B的端口GE0/0/0的IP地址
[AR-A]interface GigabitEthernet 0/0/0
[AR-A-GigabitEthernet0/0/0]ip address 10.0.1.1 30
[AR-A-GigabitEthernet0/0/0]quit
[AR-A]
#配置连接路由器AR-C的端口GE0/0/1的IP地址
[AR-A]interface GigabitEthernet 0/0/1
[AR-A-GigabitEthernet0/0/1]ip address 10.0.2.2 30
[AR-A-GigabitEthernet0/0/1]quit
[AR-A]
#配置连接PC1-1的端口GE4/0/0的IP地址
[AR-A]interface GigabitEthernet 4/0/0
[AR-A-GigabitEthernet4/0/0]ip address 192.168.16.1 24
[AR-A-GigabitEthernet4/0/0]quit
[AR-A]
#配置连接PC1-2的端口GE4/0/1的IP地址
[AR-A]interface GigabitEthernet 4/0/1
[AR-A-GigabitEthernet4/0/1]ip address 192.168.17.1 24
[AR-A-GigabitEthernet4/0/1]quit
[AR-A]
#配置连接PC1-3的端口GE4/0/2的IP地址
[AR-A]interface GigabitEthernet 4/0/2
```

```
[AR-A-GigabitEthernet4/0/2]ip address 192.168.18.1 24
[AR-A-GigabitEthernet4/0/2]quit
[AR-A]
#配置连接PC1-16的端口GE4/0/3的IP地址
[AR-A]interface GigabitEthernet 4/0/3
[AR-A-GigabitEthernet4/0/3]ip address 192.168.31.1 24
[AR-A-GigabitEthernet4/0/3]quit
#显示端口的IP地址
[AR-A]display ip interface
#显示端口的IP地址简要信息
[AR-A]display ip interface brief
[AR-A]quit
<AR-A>save
```

步骤3：配置路由器AR-B的端口地址。

```
<Huawei>system-view
#修改路由器名称
[Huawei]sysname AR-B
#配置连接路由器AR-A的端口GE0/0/0的IP地址
[AR-B]interface GigabitEthernet 0/0/0
[AR-B-GigabitEthernet0/0/0]ip address 10.0.1.2 30
[AR-B-GigabitEthernet0/0/0]quit
[AR-B]
#配置连接路由器AR-C的端口GE0/0/1的IP地址
[AR-B]interface GigabitEthernet 0/0/1
[AR-B-GigabitEthernet0/0/1]ip address 10.0.3.2 30
[AR-B-GigabitEthernet0/0/1]quit
[AR-B]
#配置连接PC2-1的端口GE4/0/0的IP地址
[AR-B]interface GigabitEthernet 4/0/0
[AR-B-GigabitEthernet4/0/0]ip address 172.16.1.1 24
[AR-B-GigabitEthernet4/0/0]quit
[AR-B]
```

#配置连接PC2-2的端口GE4/0/1的IP地址

```
[AR-B]interface GigabitEthernet 4/0/1
[AR-B-GigabitEthernet4/0/1]ip address 172.16.2.1 24
[AR-B-GigabitEthernet4/0/1]quit
[AR-B]
```

#配置连接PC2-3的端口GE4/0/2的IP地址

```
[AR-B]interface GigabitEthernet 4/0/2
[AR-B-GigabitEthernet4/0/2]ip address 172.16.3.1 24
[AR-B-GigabitEthernet4/0/2]quit
[AR-B]
```

#配置连接PC2-6的端口GE4/0/3的IP地址

```
[AR-B]interface GigabitEthernet 4/0/3
[AR-B-GigabitEthernet4/0/3]ip address 172.16.6.1 24
[AR-B-GigabitEthernet4/0/3]quit
[AR-B]
```

#显示端口的IP地址

```
[AR-B]display ip interface
```

#显示端口的IP地址简要信息

```
[AR-B]display ip interface brief
[AR-B]quit
<AR-B>save
```

步骤4： 配置路由器AR-C的端口地址。

```
<Huawei>system-view
```

#修改路由器的名称

```
[Huawei]sysname AR-C
[AR-C]
```

#配置连接路由器AR-A的端口GE0/0/0的IP地址

```
[AR-C]interface GigabitEthernet 0/0/0
[AR-C-GigabitEthernet0/0/0]ip address 10.0.2.1 30
[AR-C-GigabitEthernet0/0/0]quit
[AR-C]
```

#配置连接路由器AR-B的端口GE0/0/1的IP地址

```
[AR-C]interface GigabitEthernet 0/0/1
[AR-C-GigabitEthernet0/0/1]ip address 10.0.3.1 30
[AR-C-GigabitEthernet0/0/1]quit
[AR-C]
#配置连接PC-A的端口GE4/0/0的IP地址
[AR-C]interface GigabitEthernet 4/0/0
[AR-C-GigabitEthernet4/0/0]ip address 192.168.10.1 24
[AR-C-GigabitEthernet4/0/0]quit
[AR-C]
#配置连接PC-B的端口GE4/0/1的IP地址
[AR-C]interface GigabitEthernet 4/0/1
[AR-C-GigabitEthernet4/0/1]ip address 172.16.10.1 24
[AR-C-GigabitEthernet4/0/1]quit
[AR-C]
#显示端口的IP地址
[AR-C]display ip interface
#显示端口的IP地址简要信息
[AR-C]display ip interface brief
[AR-C]quit
<AR-C>save
```

步骤5：分析聚合路由并为路由器AR-A、路由器AR-B、路由器AR-C配置路由。

通过对路由器AR-A所连网段的汇总分析，得到聚合地址为192.168.16.0/20，即网络地址为192.168.16.0，子网掩码为255.255.240.0。

通过对路由器AR-B所连网段的汇总分析，得到聚合地址为172.16.0.0/16，即网络地址为172.16.0.0，子网掩码为255.255.0.0。

```
#对路由器AR-A配置静态路由
[AR-A]ip route-static 172.16.0.0 16 10.0.1.2
[AR-A]ip route-static 172.16.10.0 24 10.0.2.1
[AR-A]ip route-static 192.168.10.0 24 10.0.2.1
[AR-A]display ip routing-table
[AR-A]quit
[AR-A]save
```

```
#对路由器AR-B配置静态路由
[AR-B]ip route-static 192.168.10.0 24 10.0.3.1
[AR-B]ip route-static 192.168.16.0 20 10.0.1.1
[AR-B]ip route-static 172.16.10.0 24 10.0.3.1
[AR-B]display ip routing-table
[AR-B]quit
[AR-B]save
#对路由器AR-C配置默认路由
[AR-C]ip route-static 0.0.0.0 0.0.0.0 10.0.3.2
[AR-C]display ip routing-table
[AR-C]quit
<AR-C>save
```

步骤6：测试连通性，并分析ICMP数据包经过的路由。

在PC1-1上执行下面命令，结合路由表的设置分析数据包的路由。

```
PC>tracert 192.168.10.2
PC>tracert 172.16.10.2
PC>tracert 172.16.1.2
```

在PC-A上执行下面命令，结合路由表的设置分析数据包的路由。

```
PC>tracert 192.168.16.2
PC>tracert 172.16.1.2
PC>tracert 172.16.10.2
```

在PC-B上执行下面命令，结合路由表的设置分析数据包的路由。

```
PC>tracert 192.168.10.2
PC>tracert 192.168.16.2
PC>tracert 172.16.1.2
```

在PC2-1上执行下面命令，结合路由表的设置分析数据包的路由。

```
PC>tracert 192.168.10.2
PC>tracert 192.168.16.2
PC>tracert 172.16.10.2
```

七、思考·动手

（1）在路由器AR-A的 GE0/0/1端口、路由器AR-B的GE0/0/1端口和路由器

AR-C的GE4/0/0端口启用Wireshark网络抓包，从主机PC-A ping 主机PC1-16，哪些端口抓到了ICMP的Request数据包？哪些端口抓到了ICMP的Reply数据包？Request数据包和Reply数据包在同一条路径上吗？为什么是这样的？

（2）通过对路由器AR-B所连网段的汇总分析，得到聚合地址为172.16.0.0/16，即网络地址为172.16.0.0，子网掩码为255.255.0.0。此外，还可以再缩小地址范围，得到更具体的聚合地址，聚合地址是什么？网络地址是什么？子网掩码是什么？

（3）在主机PC1-16上分别执行tracert 172.16.10.2，tracert 172.16.1.2，根据路由结果分析是匹配了路由器AR-A上设置的哪条路由，哪条是最长前缀匹配路由？

实验14 路由信息协议（RIP）配置

一、实验目的

（1）理解RIP实现原理。

（2）掌握配置路由器RIP的方法。

（3）掌握配置路由器RIPv2鉴别的方法。

二、实验设备及工具

华为AR3260路由器5台，4端口-GE电口WAN接口卡4GEW-T，PC 4台。

三、实验原理（背景知识）

路由信息协议RIP（Routing Information Protocol）是一种分布式的基于距离向量的路由选择协议，是内部网关协议之一，是互联网的标准协议。其最大优点是实现简单，开销较小。

RIP协议规定，同一自治系统中的路由器定期会与相邻的路由器交换完整的路由表，以建立动态的路由表，当存储转发数据报时，RIP将选择一条距离最小的路由。RIP协议的特点：

（1）仅和相邻的路由器交换信息。

（2）路由器交换的信息是当前本路由器所知道的全部信息，即自己的路由表。

（3）按固定时间间隔交换路由信息，如每隔30秒，路由器根据收到的路由信息更新路由表。

RIP的缺点也比较多。首先，RIP限制了网络的规模，能使用的最大距离为15跳（16表示不可达）；其次，路由器交换的信息是路由器的完整路由表，因而随着网络规模的扩大，更新路由的开销也就增加；最后，坏消息传播得慢，当网络出现故障时，要经过比较长的时间才能将此消息相互传送到所有的路由器中，从而使更新过程的收敛时间过长。因此，RIP 比较适用于简单的校园网和区域网，但并不适用于复杂网络或大型网络，对于规模较大的网络就应当使用OSPF协议。

四、实验任务及要求

如图14-1所示，四个PC网络通过五台AR3260路由器实现互连，请在路由器上配置RIPv2实现网络之间的互连互通。

五、实验拓扑图

路由器配置RIP实现网络之间通信，如图14-1所示。

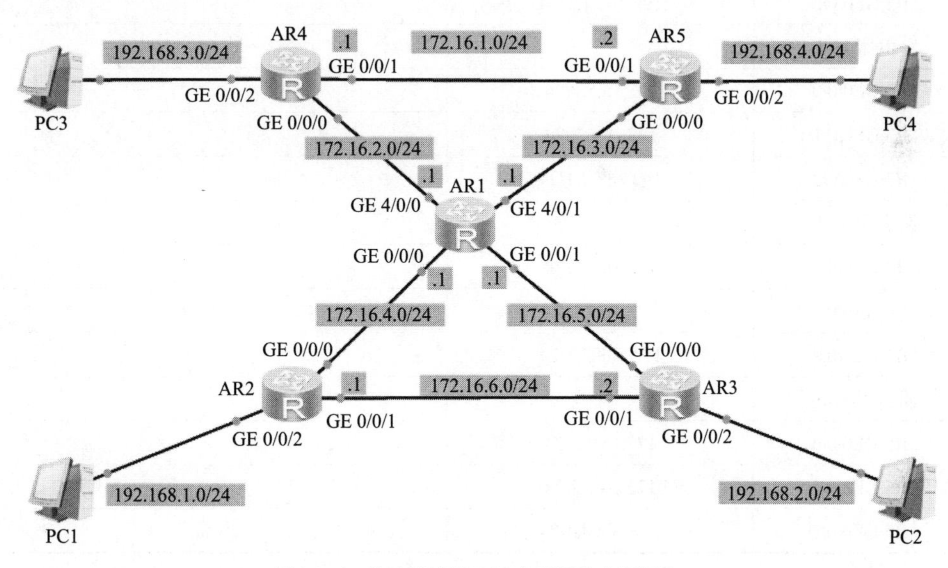

图14-1　路由器配置RIP实现网络之间通信

六、实验步骤

步骤1：为路由器AR1添加4端口-GE电口WAN接口卡4GEW-T模块，启动所有设备，见表14-1为PC配置IPv4地址、子网掩码和网关。

表14-1　PC和路由器端口的IPv4地址

名称	IPv4地址	网关地址	所连端口
PC1	192.168.1.2/24	192.168.1.1	AR2:GE0/0/2
PC2	192.168.2.2/24	192.168.2.1	AR3:GE0/0/2
PC3	192.168.3.2/24	192.168.3.1	AR4:GE0/0/2
PC4	192.168.4.2/24	192.168.4.1	AR5:GE0/0/2

续表

名称	IPv4地址	网关地址	所连端口
路由器AR1			
AR1:GE0/0/0	172.16.4.1/24		
AR1:GE0/0/1	172.16.5.1/24		
AR1:GE4/0/0	172.16.2.1/24		
AR1:GE4/0/1	172.16.3.1/24		
路由器AR2			
AR2:GE0/0/0	172.16.4.2/24		
AR2:GE0/0/1	172.16.6.1/24		
AR2:GE0/0/2	192.168.1.1/24		
路由器AR3			
AR3:GE0/0/0	172.16.5.2/24		
AR3:GE0/0/1	172.16.6.2/24		
AR3:GE0/0/2	192.168.2.1/24		
路由器AR4			
AR4:GE0/0/0	172.16.2.2/24		
AR4:GE0/0/1	172.16.1.1/24		
AR4:GE0/0/2	192.168.3.1/24		
路由器AR5			
AR5:GE0/0/0	172.16.3.2/24		
AR5:GE0/0/1	172.16.1.2/24		
AR5:GE0/0/2	192.168.4.1/24		

步骤2：配置路由器AR1的端口地址及RIPv2功能。

```
<Huawei>system-view
#修改路由器名称
[Huawei]sysname AR1
#配置连接路由器AR2的端口的IP地址
[AR1]interface GigabitEthernet 0/0/0
[AR1-GigabitEthernet0/0/0]ip address 172.16.4.1 24
[AR1-GigabitEthernet0/0/0]quit
[AR1]
#配置连接路由器AR3的端口的IP地址
[AR1]interface GigabitEthernet 0/0/1
```

```
[AR1-GigabitEthernet0/0/1]ip address 172.16.5.1 24
[AR1-GigabitEthernet0/0/1]quit
[AR1]
#配置连接路由器AR4的端口的IP地址
[AR1]interface GigabitEthernet 4/0/0
[AR1-GigabitEthernet4/0/0]ip address 172.16.2.1 24
[AR1-GigabitEthernet4/0/0]quit
[AR1]
#配置连接路由器AR5的端口的IP地址
[AR1]interface GigabitEthernet 4/0/1
[AR1-GigabitEthernet4/0/1]ip address 172.16.3.1 24
[AR1-GigabitEthernet4/0/1]quit
[AR1]
#查看路由器端口的IP地址
[AR1]display ip interface
#查看路由器端口的IP地址简要信息
[AR1]display ip interface brief
#配置RIP进程号，取值范围是1~65535，默认值是1
[AR1]rip 1
#配置RIPv2
[AR1-rip-1]version 2
#配置路由器所连网段，地址是网络号
[AR1-rip-1]network 172.16.0.0
[AR1-rip-1]quit
#查看路由器IP路由表
[AR1]display ip routing-table
[AR1]quit
<AR1>save
```

步骤3：配置路由器AR2的端口地址及RIPv2功能。

```
<Huawei>system-view
#修改路由器名称
[Huawei]sysname AR2
```

#配置连接路由器AR1的端口的IP地址

```
[AR2]interface GigabitEthernet 0/0/0
[AR2-GigabitEthernet0/0/0]ip address 172.16.4.2 24
[AR2-GigabitEthernet0/0/0]quit
[AR2]
```

#配置连接路由器AR3的端口的IP地址

```
[AR2]interface GigabitEthernet 0/0/1
[AR2-GigabitEthernet0/0/1]ip address 172.16.6.1 24
[AR2-GigabitEthernet0/0/1]quit
[AR2]
```

#配置连接PC1的端口的IP地址

```
[AR2]interface GigabitEthernet 0/0/2
[AR2-GigabitEthernet0/0/2]ip address 192.168.1.1 24
[AR2-GigabitEthernet0/0/2]quit
[AR2]
```

#查看路由器端口的IP地址

```
[AR2]display ip interface
```

#查看路由器端口的IP地址简要信息

```
[AR2]display ip interface brief
```

#配置RIP进程号，取值范围是1~65535，默认值是1

```
[AR2]rip 1
```

#配置RIPv2

```
[AR2-rip-1]version 2
```

#配置路由器所连网段，地址是网络号

```
[AR2-rip-1]network 172.16.0.0
[AR2-rip-1]network 192.168.1.0
[AR2-rip-1]quit
```

#查看路由器IP路由表

```
[AR2]display ip routing-table
[AR2]quit
<AR2>save
```

步骤4：配置路由器AR3的端口地址及RIPv2功能。

```
<Huawei>system-view
#修改路由器名称
[Huawei]sysname AR3
#配置连接路由器AR1的端口的IP地址
[AR3]interface GigabitEthernet 0/0/0
[AR3-GigabitEthernet0/0/0]ip address 172.16.5.2 24
[AR3-GigabitEthernet0/0/0]quit
[AR3]
#配置连接路由器AR2的端口的IP地址
[AR3]interface GigabitEthernet 0/0/1
[AR3-GigabitEthernet0/0/1]ip address 172.16.6.2 24
[AR3-GigabitEthernet0/0/1]quit
[AR3]
#配置连接PC2的端口的IP地址
[AR3]interface GigabitEthernet 0/0/2
[AR3-GigabitEthernet0/0/2]ip address 192.168.2.1 24
[AR3-GigabitEthernet0/0/2]quit
[AR3]
#查看路由器端口的IP地址
[AR3]display ip interface
#查看路由器端口的IP地址简要信息
[AR3]display ip interface brief
#配置RIP进程号，取值范围是1~65535，默认值是1
[AR3]rip 1
#配置RIPv2
[AR3-rip-1]version 2
#配置路由器所连网段，地址是网络号
[AR3-rip-1]network 172.16.0.0
[AR3-rip-1]network 192.168.2.0
[AR3-rip-1]quit
#查看路由器IP路由表
[AR3]display ip routing-table
```

```
[AR3]quit
<AR3>save
```

步骤5：配置路由器AR4的端口地址及RIPv2功能。

```
<Huawei>system-view
#修改路由器名称
[Huawei]sysname AR4
#配置连接路由器AR1的端口的IP地址
[AR4]interface GigabitEthernet 0/0/0
[AR4-GigabitEthernet0/0/0]ip address 172.16.2.2 24
[AR4-GigabitEthernet0/0/0]quit
[AR4]
#配置连接路由器AR5的端口的IP地址
[AR4]interface GigabitEthernet 0/0/1
[AR4-GigabitEthernet0/0/1]ip address 172.16.1.1 24
[AR4-GigabitEthernet0/0/1]quit
[AR4]
#配置连接PC3的端口的IP地址
[AR4]interface GigabitEthernet 0/0/2
[AR4-GigabitEthernet0/0/2]ip address 192.168.3.1 24
[AR4-GigabitEthernet0/0/2]quit
[AR4]
#查看路由器端口的IP地址
[AR4]display ip interface
#查看路由器端口的IP地址简要信息
[AR4]display ip interface brief
#配置RIP进程号，取值范围是1~65535，默认值是1
[AR4]rip 1
#配置RIPv2
[AR4-rip-1]version 2
#配置路由器所连网段，地址是网络号
[AR4-rip-1]network 172.16.0.0
[AR4-rip-1]network 192.168.3.0
```

```
[AR4-rip-1]quit
#查看路由器IP路由表
[AR4]display ip routing-table
[AR4]quit
<AR4>save
```

步骤6：配置路由器AR5的端口地址及RIPv2功能。

```
<Huawei>system-view
#修改路由器名称
[Huawei]sysname AR5
#配置连接路由器AR1的端口的IP地址
[AR5]interface GigabitEthernet 0/0/0
[AR5-GigabitEthernet0/0/0]ip address 172.16.3.2 24
[AR5-GigabitEthernet0/0/0]quit
[AR5]
#配置连接路由器AR4的端口的IP地址
[AR5]interface GigabitEthernet 0/0/1
[AR5-GigabitEthernet0/0/1]ip address 172.16.1.2 24
[AR5-GigabitEthernet0/0/1]quit
[AR5]
#配置连接PC4的端口的IP地址
[AR5]interface GigabitEthernet 0/0/2
[AR5-GigabitEthernet0/0/2]ip address 192.168.4.1 24
[AR5-GigabitEthernet0/0/2]quit
[AR5]
#查看路由器端口的IP地址
[AR5]display ip interface
#查看路由器端口的IP地址简要信息
[AR5]display ip interface brief
#配置RIP进程号，取值范围是1~65535，默认值是1
[AR5]rip 1
#配置RIPv2
[AR5-rip-1]version 2
```

#配置路由器所连网段，地址是网络号

```
[AR5-rip-1]network 172.16.0.0
[AR5-rip-1]network 192.168.4.0
[AR5-rip-1]quit
```

#查看路由器IP路由表

```
[AR5]display ip routing-table
[AR5]quit
<AR5>save
```

步骤7：查看路由器的配置结果。

#查看RIP进程的状态及统计信息

```
<AR1>display rip
<AR1>display rip 1
```

#查看RIP的邻居信息

```
<AR1>display rip 1 neighbor
```

#查看RIP的数据库信息

```
<AR1>display rip 1 database
```

#查看RIP的路由信息

```
<AR1>display rip 1 route
```

#查看RIP所有端口的统计信息

```
<AR1>display rip 1 statistics interface all
```

#查看RIP指定端口的详细统计信息

```
<AR1>display rip 1 statistics interface GigabitEthernet 0/0/0
```

#查看RIP指定端口的简要统计信息

```
<AR1>display rip 1  interface GigabitEthernet 0/0/0
```

#查看路由器的IP路由表

```
<AR1>display ip routing-table
```

#查看路由器RIP协议的IP路由表

```
<AR1>display ip routing-table protocol rip
```

#查看路由器IP路由表的详细信息

```
<AR1>display ip routing-table verbose
```

#查看路由器IP路由表的统计信息

```
<AR1>display ip routing-table statistics
```

步骤8：测试连通性，查看路由。

在PC1上执行下面命令，测试与PC2、PC3、PC4的连通性。经测试PC1与PC2、PC3、PC4都可以相互ping通。查看PC1到PC2、PC3、PC4的路由，分析tracert的结果是否与路由器的路由表一致。

```
PC>ping 192.168.2.2
PC>ping 192.168.3.2
PC>ping 192.168.4.2
PC>tracert 192.168.2.2
PC>tracert 192.168.3.2
PC>tracert 192.168.4.2
```

步骤9：在路由器AR1的GE0/0/0和 GE4/0/0端口开启Wireshark网络抓包，分析RIP报文，更新时间间隔为多长？查看到的报文是哪个版本？RIP报文的源IP地址、目标IP地址是什么？使用什么协议传输RIP报文？源端口号、目的端口号是什么？有几条路由信息？路由信息分别是什么？

步骤10：在路由器AR2的GE0/0/1端口上启用RIPv2鉴别，然后跟踪PC1到PC2的路由变化。

```
#在路由器AR2的端口GE0/0/1上启用authentication鉴别，密码为huawei123
[AR2]interface GigabitEthernet 0/0/1
[AR2-GigabitEthernet0/0/1]rip authentication-mode simple cipher huawei123
#在端口上删除authentication鉴别
#[AR2-GigabitEthernet0/0/1]undo rip authentication-mode
```

七、思考·动手

（1）在PC2上测试与PC4的连通性，并查看路由，然后断开路由器AR1的GE0/0/1端口，再测试连通性并分析路由的变化。

（2）在路由器AR1的GE4/0/0端口开启Wireshark网络抓包，然后断开路由器AR1的GE0/0/0端口，分析抓取到的RIP路由更新报文。

（3）步骤10中，在路由器AR2的GE0/0/1端口上启用RIPv2鉴别，如何配置路由器AR3，使得与路由器AR2可以正常通信？配置RIPv2鉴别时需要注意什么问题？

实验15　开放最短路径优先（OSPF）配置

一、实验目的

（1）理解OSPF的工作原理。

（2）理解OSPF区域的概念和用途。

（3）理解OSPF的五种分组类型。

（4）理解指定路由器（DR）和备份指定路由器（BDR）的概念和作用。

（5）掌握OSPF的配置方法。

二、实验设备及工具

华为AR3260路由器5台，4端口-GE电口WAN接口卡4GEW-T，PC 4台。

三、实验原理（背景知识）

开放式最短路径优先OSPF（Open Shortest Path First）路由协议是一个内部网关协议，是用于单一自治系统内的动态路由协议。

1. OSPF的特征

OSPF的主要特征是使用分布式链路状态协议，而不是距离向量协议，OSPF更新过程收敛很快是其重要优点。和RIP相比，三个要点也都不一样：

（1）范围不同。OSPF是使用洪泛法向域内所有路由器发送，最终域内所有路由器都得到了这个信息的副本。而RIP是仅和自己相邻几个路由器交换信息。

（2）发送的信息不同。OSPF发送的信息是与本路由器相邻的所有路由器的链路状态，链路状态是指本路由器与哪些路由器相邻，以及该链路的度量。而RIP协议发送的信息是完整的路由表。

（3）时机不同。只有当链路状态发生变化时，路由器采用洪泛法向所有路由器发送此信息。而RIP不同，不论拓扑有无变化都要定时交换路由表信息。

OSPF路由协议是一种典型的链路状态（Link-state）路由协议，一般用于同一个域内。使用OSPF的两个主要目标是：第一，改善网络的可扩展性；第二，快速收敛。

取得两个目标的关键是将一个自治系统分成更小的范围，叫做域（Area）。每个域都有一个惟一的区域标识符，这个区域标识符配置在每一个路由器内。定义了相同区域号的路由器端口成为相同域的组成部分。

为了使OSPF能够用于规模很大的网络，一个OSPF网络可以划分成多个与骨干区域相连的区域，各区域的区域号可以使用点分十进制记法（如0.0.0.0）表达。0号（或0.0.0.0号）区域分配给该网络的核心，称为骨干区域，其他区域必须与骨干区域通过区域边界路由器直接或间接相连。

2. OSPF的路由器类型

OSPF网络中有三种不同类型的路由器：内部路由器、区域边界路由器、骨干路由器。

（1）内部路由器：是其所有定义端口属于同一区域，但区域不是0区域的路由器。

（2）边界路由器：是具有多个端口且属于两个或多个区域的路由器。

（3）骨干路由器：是至少有一个端口定义为属于区域0的路由器。

使用这三种基本的路由器，可以建造高效且可扩展的OSPF网络，一个区域内的路由器不超过200个，而且划分区域的好处是利用洪泛法交换链路状态信息的范围仅局限于每个区域而不是整个自治系统，链路状态信息只在同一区域内同步，这样减少了整个网络上的通信量。

3. OSPF的分组类型

OSPF使用IP数据报传送OSPF分组，OSPF有五种分组类型：

（1）类型1：问候（Hello）分组。OSPF周期性地发送Hello报文来发现、建立、维护邻居状态。OSPF规定，每两个相邻路由器每隔10秒钟（Hello Interval）要交换一次问候分组，这样就能确知哪些邻站是可达的。对相邻路由器来说，“可达”是最基本的要求。在正常情况下，网络中传送的绝大多数OSPF分组都是问候分组。若有40秒钟（Router Dead Interval）没有收到某个相邻路由器发来的问候分组，则可认为该相邻路由器是不可达的，应立即修改链路状态数据库，并重新计算路由表。

（2）类型2：数据库描述（Database Description）分组。

（3）类型3：链路状态请求（Link State Request）分组。

（4）类型4：链路状态更新（Link State Update）分组。在网络运行过程中，只要一个路由器的链路状态发生变化，该路由器就要使用LSU，用洪泛法向全网更新链路状态，LSU是OSPF协议最核心的部分，也是最为复杂的分组。

（5）类型5：链路状态确认（Link State Acknowledgment）分组。LSAck分组被用来应答链路状态更新分组，对其进行确认，从而使得链路状态更新分组采用的洪泛法变得可靠。

4. DR及BDR的选举

对于OSPF路由协议来说，链路状态通告LSA（Link-State Advertisement）的洪泛存在两个问题：

①构建相关路由器之间的邻接关系时，会创建很多不必要的LSA。

②LSA的洪泛会比较混乱。

在OSPF网络中，如果要在每一台路由器和它的邻居路由器形成完全网状的OSPF邻接关系，则会形成很多邻接关系，产生很多条LSA通告。为了在多路访问的网络环境中避免这些问题的发生，可以在网络上选举一台指定路由器DR（Designated Router）作“代表”完成以下工作：

①描述这个多路访问网络和OSPF区域内其余相连的路由器。

②管理这个多路访问网络上的LSA洪泛。

DR描述一个多路访问网络，网络上的其他路由器都将和这个指定路由器形成邻接关系，而不是所有路由器都相互形成邻接关系。

关于指定路由器的一个重要问题：如果DR失效，就必须重新选举一台新的指定路由器。网络上的所有路由器也要重新建立邻接关系。为了避免这个问题，网络上除了选举DR之外，还要选举备份指定路由器BDR（Backup Designated Router）。DR和BDR形成邻接关系，当DR失效，BDR将成为新的DR，并且BDR也和其他路由器形成邻接关系，所以当BDR成为新的DR时，无需重新建立邻接关系，将影响降低到最小。

DR和BDR的选举过程：

（1）路由器和邻居路由器之间首先查看Hello包的优先级、DR、BDR字段，列出所有具有DR和BDR选举资格的路由器列表（即优先级要大于0）；

（2）所有路由器都宣称自己是DR和BDR；

（3）选举优先级高的为DR，如果优先级相同则选择Router-ID最大的为DR；

（4）由于没有DR的存在，BDR要成为DR，因此，也要选举BDR。

另外，还要说明，Hello报文中指定路由器（DR）和备份指定路由器（BDR）字段是指网络上指定路由器或（备份指定路由器）端口的IP地址，而不是DR或BDR的路由器ID。

由于一个路由器的链路状态只涉及与其相邻路由器的连通状态，因而与整个互联网规模并无直接关系。因此当网络规模很大时，OSPF协议比RIP协议优秀很多。

四、实验任务及要求

如图14-1所示，4个PC网络通过5台AR3260路由器实现互连，请在路由器上配置OSPF实现网络之间的互连互通。

五、实验拓扑图

实验拓扑图与图14-1相同，但是所有路由器需要配置OSPF实现网络之间通信。PC及路由器端口的IPv4地址配置与表14-1相同，在此不再赘述。

六、实验步骤

步骤1：在eNSP环境中选菜单->文件->另存为lab15，启动所有设备，见表14-1，为PC配置IPv4地址、子网掩码和网关。

步骤2：配置路由器AR1的端口地址，详见实验14的步骤2。

步骤3：配置路由器AR2的端口地址，详见实验14的步骤3。

步骤4：配置路由器AR3的端口地址，详见实验14的步骤4。

步骤5：配置路由器AR4的端口地址，详见实验14的步骤5。

步骤6：配置路由器AR5的端口地址，详见实验14的步骤6。

步骤7：配置路由器AR1、AR2、AR3、AR4、AR5的OSPF功能。

```
#配置路由器AR1的OSPF功能
<AR1>system-view
#删除实验14中的RIP设置
[AR1]undo rip 1
#手动配置OSPF路由器的Router  ID，使用物理端口中最大的IP地址作为Router ID
#Router  ID有具体的选举规则，若不手动设置，则按规则自动设置其Router ID
[AR1]router id 172.16.5.1
#设置OSPF进程，进程号为1，进程号可以是1~65535，默认值取1
[AR1]ospf 1
#创建主干区域，编号为0，且只有一个主干区域
[AR1-ospf-1]area 0
#指定运行OSPF的网络号，掩码使用反掩码形式
#undo network 用来删除OSPF网络
```

[AR1-ospf-1-area-0.0.0.0]network 172.16.0.0 0.0.255.255

[AR1-ospf-1-area-0.0.0.0]quit

[AR1-ospf-1]quit

[AR1]

#显示路由器IP路由表

[AR1]display ip routing-table

#显示路由器的OSPF路由

[AR1]display ip routing-table protocol ospf

[AR1]

#配置路由器AR2的OSPF功能

<AR2>system-view

#删除实验14中的RIP设置

[AR2]undo rip 1

#手动配置OSPF路由器的Router ID，使用物理端口中最大的IP地址作为Router ID

[AR2]router id 192.168.1.1

#设置OSPF进程，进程号为1，进程号可以是1~65535，默认值取1

[AR2]ospf 1

#创建主干区域，编号为0，且只有一个主干区域

[AR2-ospf-1]area 0

#指定运行OSPF的网络号，掩码使用反掩码形式

#undo network 用来删除OSPF网络

[AR2-ospf-1-area-0.0.0.0]network 172.16.0.0 0.0.255.255

[AR2-ospf-1-area-0.0.0.0]network 192.168.1.0 0.0.0.255

[AR2-ospf-1-area-0.0.0.0]quit

[AR2-ospf-1]quit

[AR2]

#显示路由器IP路由表

[AR2]display ip routing-table

#显示路由器的OSPF路由

[AR2]display ip routing-table protocol ospf

[AR2]

#配置路由器AR3的OSPF功能

<AR3>system-view

#删除实验14中的RIP设置

[AR3]undo rip 1

#手动配置OSPF路由器的Router ID，使用物理端口中最大的IP地址作为Router ID

[AR3]router id 192.168.2.1

#设置OSPF进程，进程号为1，进程号可以是1~65535，默认值取1

[AR3]ospf 1

#创建主干区域，编号为0，且只有一个主干区域

[AR3-ospf-1]area 0

#指定运行OSPF的网络号，掩码使用反掩码形式

#undo network 用来删除OSPF网络

[AR3-ospf-1-area-0.0.0.0]network 172.16.0.0 0.0.255.255

[AR3-ospf-1-area-0.0.0.0]network 192.168.2.0 0.0.0.255

[AR3-ospf-1-area-0.0.0.0]quit

[AR3-ospf-1]quit

[AR3]

#显示路由器IP路由表

[AR3]display ip routing-table

#显示路由器的OSPF路由

[AR3]display ip routing-table protocol ospf

[AR3]

#配置路由器AR4的OSPF功能

<AR4>system-view

#删除实验14中的RIP设置

[AR4]undo rip 1

#手动配置OSPF路由器的Router ID，使用物理端口中最大的IP地址作为Router ID

[AR4]router id 192.168.3.1

#设置OSPF进程，进程号为1，进程号可以是1~65535，默认值取1

[AR4]ospf 1

#创建主干区域，编号为0，且只有一个主干区域

[AR4-ospf-1]area 0

#指定运行OSPF的网络号，掩码使用反掩码形式

#undo network 用来删除OSPF网络

[AR4-ospf-1-area-0.0.0.0]network 172.16.0.0 0.0.255.255

[AR4-ospf-1-area-0.0.0.0]network 192.168.3.0 0.0.0.255

[AR4-ospf-1-area-0.0.0.0]quit

[AR4-ospf-1]quit

[AR4]

#显示路由器IP路由表

[AR4]display ip routing-table

#显示路由器的OSPF路由

[AR4]display ip routing-table protocol ospf

[AR4]

#配置路由器AR5的OSPF功能

<AR5>system-view

#删除实验14中的RIP设置

[AR5]undo rip 1

#手动配置OSPF路由器的Router ID，使用物理端口中最大的IP地址作为Router ID

[AR5]router id 192.168.4.1

#设置OSPF进程，进程号为1，进程号可以是1~65535，默认值取1

[AR5]ospf 1

#创建主干区域，编号为0，且只有一个主干区域

[AR5-ospf-1]area 0

#指定运行OSPF的网络号，掩码使用反掩码形式

#undo network 用来删除OSPF网络

[AR5-ospf-1-area-0.0.0.0]network 172.16.0.0 0.0.255.255

[AR5-ospf-1-area-0.0.0.0]network 192.168.4.0 0.0.0.255

[AR5-ospf-1-area-0.0.0.0]quit

[AR5-ospf-1]quit

[AR5]

```
#显示路由器IP路由表
[AR5]display ip routing-table
#显示路由器的OSPF路由
[AR5]display ip routing-table protocol ospf
[AR5]
```

步骤8：查看路由器的OSPF配置结果。

```
#查看OSPF简要信息
<AR1>display ospf brief
<AR1>display ospf 1 brief
#显示OSPF链路状态数据库的信息
<AR1>display ospf lsdb
<AR1>display ospf lsdb brief
<AR1>display ospf 1 lsdb
<AR1>display ospf 1 lsdb brief
#显示OSPF链路状态数据库Router的信息
<AR1>display ospf lsdb router
<AR1>display ospf 1 lsdb router
#显示OSPF链路状态数据库network的信息
<AR1>display ospf  lsdb network 172.16.1.0
<AR1>display ospf 1 lsdb network 172.16.1.0
#显示OSPF中的邻居Neighbors信息
<AR1>display ospf peer
<AR1>display ospf peer brief
<AR1>display ospf 1 peer
<AR1>display ospf 1 peer brief
#显示OSPF中的路由表信息
<AR1>display ospf routing
<AR1>display ospf 1 routing
<AR1>display ospf 1 routing  router-id 172.16.5.1
#显示OSPF中的端口信息
<AR1>display ospf interface all
<AR1>display ospf 1 interface all
```

```
<AR1>display ospf 1 interface GigabitEthernet 0/0/0
#显示路由器IP路由表
<AR1>display ip routing-table
#显示路由器IP路由表中OSPF路由
<AR1>display ip routing-table protocol ospf
```

步骤9：在PC1上执行下面命令，测试与PC2、PC3、PC4的连通性。经测试PC1与PC2、PC3、PC4都可以相互ping通。查看PC1到PC2、PC3、PC4的路由如图15-1所示，分析tracert的结果是否与路由器的路由表相符。

```
PC>ping 192.168.2.2
PC>ping 192.168.3.2
PC>ping 192.168.4.2
PC>tracert 192.168.2.2
PC>tracert 192.168.3.2
PC>tracert 192.168.4.2
```

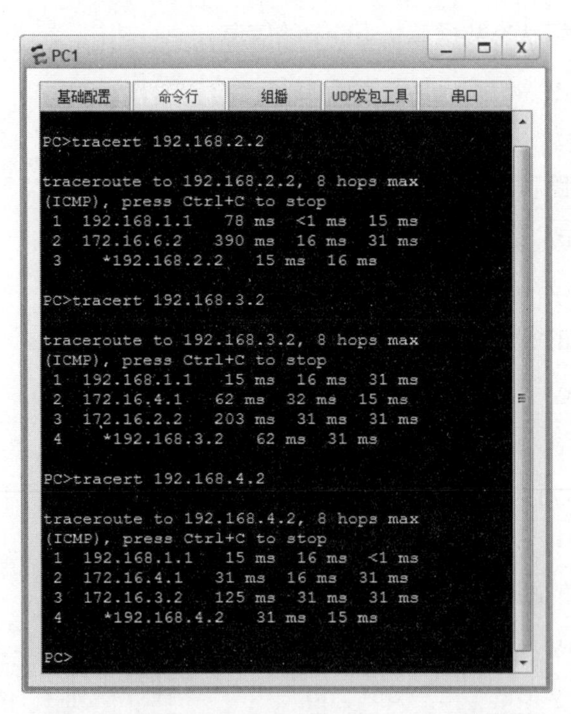

图15-1 在PC1上tracert PC2、PC3、PC4的结果

步骤10：在路由器AR1的GE0/0/0、GE0/0/1、GE4/0/0、GE4/0/1端口开启Wireshark网络抓包，分析OSPF协议数据包，回答下面的问题：

（1）抓到的数据包最多的是什么类型的分组？使用哪个协议传输分组？

（2）抓到的Hello分组，版本号是多少？始发路由器的Router-ID和Area-ID是多少？该路由器优先级是多少？发送Hello分组的时间间隔是多少秒？路由器失效时间间隔是多少秒？指定路由器、备份指定路由器的端口IP是多少？活动邻居的路由器ID是多少？

（3）分析逐次抓到的Hello分组，重点关注DR/BDR选举过程中DR和BDR字段的变化。

七、思考·动手

（1）先查看PC1到PC3的路由，然后断开路由器AR1的GE0/0/0端口，再查看路由，比较路由的变化。

（2）在路由器AR1的GE0/0/0、GE0/0/1、GE4/0/0、GE4/0/1端口开启Wireshark网络抓包，然后断开路由器AR1的GE0/0/0端口，查看抓取到OSPF分组是什么类型的分组？

实验16　访问控制列表（ACL）配置

一、实验目的

（1）理解ACL的原理、功能与作用。

（2）掌握标准ACL和扩展ACL的基本配置方法。

（3）巩固交换机、路由器和服务器的配置。

二、实验设备及工具

华为S5700三层核心交换机1台，S3700接入交换机4台，AR3260路由器1台，服务器3台，Client客户端2台，PC4台。

三、实验原理（背景知识）

1. ACL简介

访问控制列表ACL（Access Control List）是路由器或交换机端口的指令列表，这些指令列表用来告诉路由器或交换机哪些数据包可以接收、哪些数据包需要拒绝。至于数据包是被接收还是拒绝，可以由类似于源地址、目的地址、源端口号、目的端口号、协议等特定指示条件来决定。

ACL不但可以起到控制网络流量、流向的作用，而且在很大程度上起到保护网络设备、服务器的关键作用。ACL的主要功能：

（1）限制网络流量、提高网络性能；

（2）提供对通信流量的控制手段；

（3）提供网络访问的基本安全手段。

2. ACL的分类

ACL分为标准式ACL和扩展式ACL，两者区别在于前者是基于源地址的数据包过滤，而后者可以是基于协议类型、源地址、目的地址、源端口、目的端口的数据包过滤。

（1）标准ACL。一个标准ACL匹配IP数据包中的源地址或源地址中的一部分，可对匹配的数据包采取拒绝或允许两个操作，其编号范围是2000~2999。

（2）扩展ACL。扩展ACL比标准ACL具有更多的匹配项，包括协议类型、源地址、源端口、目的地址、目的端口等，其编号范围是3000~3999。

3. ACL的设置规则顺序

设置ACL的一些规则顺序：

（1）按顺序比较，先比较第一行，再比较第二行，直到最后一行。在安排ACL语句顺序时，要把最特殊的语句（严格的限制条件）排在列表的最前面，最一般的语句排在列表的最后面，这是ACL语句排列的基本原则。

（2）从第一行起，直到找到第一个符合条件的行，后续行不再比较。

（3）默认在每个ACL的末尾都会自动插入一条隐含的deny语句，如果整个列表没有匹配的语句，则分组被丢弃。也就是说，每一个ACL至少要有一条"允许"语句。

注意：

（1）在创建ACL之后，必须将其应用到某个端口才开始生效。

（2）ACL中的网络掩码是反掩码。如deny 192.168.30.0 0.0.0.255，0代表精确匹配，255代表随意。

4. 语法格式

（1）标准ACL：

```
rule  number { permit | deny } {source [source-wildcard] | any}
rule 1 permit  source  10.1.1.2  0
rule 3 deny  source 172.16.0.0  0.0.255.255
undo  rule  3
```

（2）扩展ACL：

```
rule number { permit | deny } { protocol protocol-keyword } { source [ source-wildcard ] | any } { source -port } { destination destination-wildcard } | any }{ destination-port }
rule 1 permit ip source 10.1.4.0 0.0.0.255 destination 10.1.6.0 0.0.0.255
rule 3 deny ip source 10.1.5.0 0.0.0.255 destination 10.1.4.0 0.0.0.255
```

```
rule 5 permit tcp source 10.1.4.2 0 destination 10.1.2.22 0 destination-port eq 21
rule 7 deny tcp source 10.1.5.2 0 destination 10.1.2.22 0 destination-port eq 21
```

四、实验任务及要求

如图16-1所示，某企业网络通过一台华为S5700三层核心交换机将三台接入交换机S3700相连，三层核心交换机通过华为AR3260路由器接入互联网，交换机管理VLAN设置为VLAN 100，企业内部按照业务功能划分为六个VLAN，分别是服务器组（VLAN2）、Internet连接（VLAN3）、财务部（VLAN4）、市场部（VLAN5）、研发部（VLAN6）、网管工作站（VLAN7）。请按照下面要求配置相关网络设备：

（1）除了网管工作站PC7（10.1.7.2）和研发部交换机SW6（10.1.100.6）能够远程telnet到核心交换机SW-core（10.1.100.1）外，其他用户都不允许telnet操作。

（2）企业要求市场和研发部门不能访问财务部VLAN数据，但是财务部门作为公司的核心管理部门，必须能访问到市场和研发部门的VLAN数据。

（3）允许内网和外网用户访问WEB服务器80端口（10.1.2.20:80），拒绝所有用户访问WEB服务器的其他端口，只允许企业内网用户对WEB服务器进行ping操作，除此之外，拒绝任何不利于WEB服务器安全的操作。只对财务部开放DB服务器1521端口（10.1.2.21:1521），只对研发部开放FTP服务器21端口（10.1.2.22:21）。此外，为便于测试，只允许财务部可以ping DB服务器（10.1.2.21），只允许研发部可以ping FTP服务器（10.1.2.22）。除此之外，所有服务器拒绝任何操作。

（4）该企业要求在上班时间内（9:00~17:00）禁止员工访问互联网，除此之外，在任何时间都允许访问互联网。

五、实验拓扑图

实验拓扑图如图16-1所示。

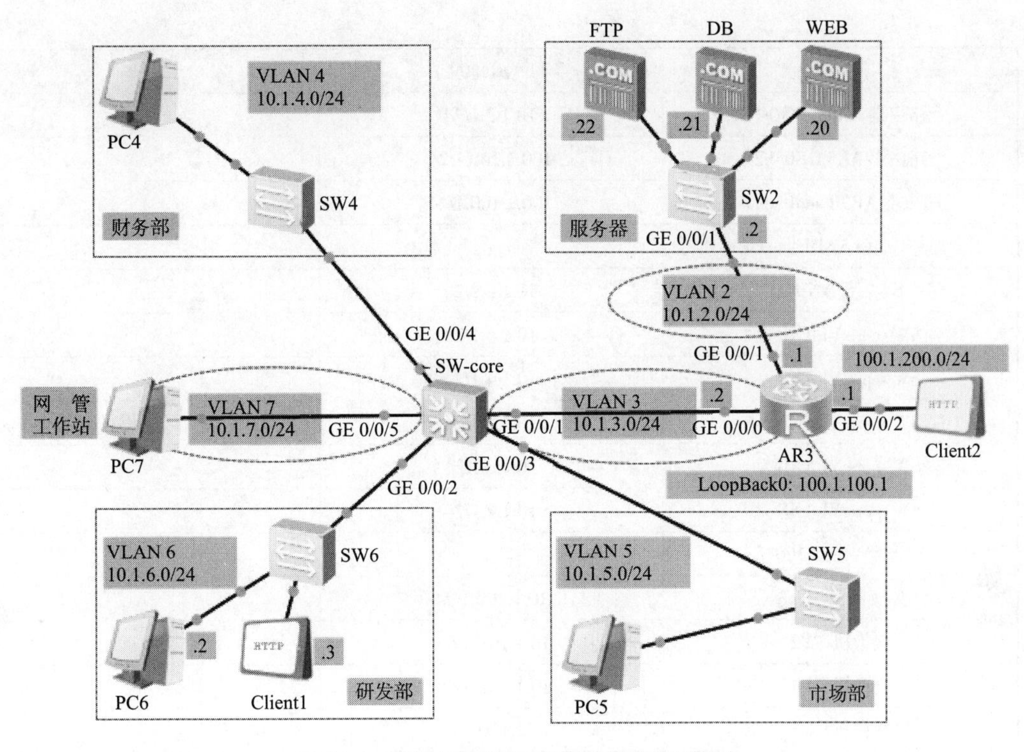

图16-1　配置ACL实现对网络资源的访问控制

六、实验步骤

步骤1：启动所有设备，见表16-1，为PC、客户端及服务器配置IPv4地址、子网掩码和网关。

表16-1　PC、客户端、服务器、路由器端口和VLANIF的IPv4地址

名称	IPv4地址	网关
PC4	10.1.4.2/24	10.1.4.1
PC5	10.1.5.2/24	10.1.5.1
PC6	10.1.6.2/24	10.1.6.1
PC7	10.1.7.2/24	10.1.7.1
Client1	10.1.6.3/24	10.1.6.1
Client2	100.1.200.2/24	100.1.200.1
WEB-SERVER	10.1.2.20/24	10.1.2.1
DB-SERVER	10.1.2.21/24	10.1.2.1
FTP-SERVER	10.1.2.22/24	10.1.2.1
路由器AR3:GE0/0/0	10.1.3.2/24	

续表

名称	IPv4地址	网关
路由器AR3:GE0/0/1	10.1.2.1/24	
路由器AR3:GE0/0/2	100.1.200.1/24	
路由器AR3:LoopBack 0	100.1.100.1/24	
VLANIF		
SW2:VLANIF2	10.1.2.2/24	
SW-core:VLANIF3	10.1.3.1/24	
SW-core:VLANIF4	10.1.4.1/24	
SW-core:VLANIF5	10.1.5.1/24	
SW-core:VLANIF6	10.1.6.1/24	
SW-core:VLANIF7	10.1.7.1/24	
管理VLAN 100		
交换机SW-core	10.1.100.1/24	
交换机SW2	10.1.100.2 /24	
交换机SW4	10.1.100.4 /24	
交换机SW5	10.1.100.5 /24	
交换机SW6	10.1.100.6 /24	

步骤2：配置SW-core三层核心交换机。

```
<Huawei>system-view
#修改交换机名称
[Huawei]sysname SW-core
#配置交换机远程登录
#开启Telnet服务
[SW-core]telnet server enable
[SW-core]
#配置VTY允许同时登录的最大用户数
[SW-core]user-interface maximum-vty 5
#配置VTY用户界面的终端属性
[SW-core]user-interface vty 0 4
[SW-core-ui-vty0-4]protocol inbound telnet
#配置VTY认证模式为AAA认证
[SW-core-ui-vty0-4]authentication-mode aaa
```

```
[SW-core-ui-vty0-4]
#进入AAA配置模式
[SW-core]aaa
#配置登录用户名为admin，密码为huawei123，cipher为加密方式
[SW-core-aaa]local-user admin password cipher huawei123
[SW-core-aaa]local-user admin privilege level 3
[SW-core-aaa]local-user admin service-type telnet
[SW-core-aaa]quit
#配置管理VLAN 100
[SW-core]vlan 100
[SW-core-vlan100]quit
[SW-core]interface vlan 100
[SW-core-Vlanif100]ip address 10.1.100.1 24
[SW-core-Vlanif100]quit
[SW-core]
#创建业务VLAN 3  to  7
[SW-core]vlan batch 3 to 7
[SW-core]
#配置VLANIF 3的IP地址
[SW-core]interface vlanif 3
[SW-core-Vlanif3]ip address 10.1.3.1 24
[SW-core-Vlanif3]quit
[SW-core]
#配置VLANIF 4的IP地址
[SW-core]interface vlanif 4
[SW-core-Vlanif4]ip address 10.1.4.1 24
[SW-core-Vlanif4]quit
[SW-core]
#配置VLANIF 5的IP地址
[SW-core]interface vlanif 5
[SW-core-Vlanif5]ip address 10.1.5.1 24
[SW-core-Vlanif5]quit
```

```
[SW-core]
#配置VLANIF 6的IP地址
[SW-core]interface vlanif 6
[SW-core-Vlanif6]ip address 10.1.6.1 24
[SW-core-Vlanif6]quit
[SW-core]
#配置VLANIF 7的IP地址
[SW-core]interface vlanif 7
[SW-core-Vlanif7]ip address 10.1.7.1 24
[SW-core-Vlanif7]quit
#配置连接路由器AR3的端口类型及VLAN
[SW-core]interface GigabitEthernet 0/0/1
[SW-core-GigabitEthernet0/0/1]port link-type access
[SW-core-GigabitEthernet0/0/1]port default vlan 3
[SW-core-GigabitEthernet0/0/1]quit
#创建端口组，设置端口类型及VLAN
[SW-core]port-group  group1
[SW-core-port-group-group1]group-member  GigabitEthernet
0/0/2 to GigabitEthernet 0/0/4
[SW-core-port-group-group1]port link-type trunk
[SW-core-port-group-group1]port trunk allow-pass vlan all
[SW-core-port-group-group1]quit
#配置连接网管工作站PC7的端口类型及VLAN
[SW-core]interface GigabitEthernet 0/0/5
[SW-core-GigabitEthernet0/0/5]port link-type access
[SW-core-GigabitEthernet0/0/5]port default vlan 7
[SW-core-GigabitEthernet0/0/5]quit
#配置到路由器AR3的LoopBack0的路由（外网路由）
[SW-core]ip  route-static  100.1.100.1   255.255.255.255
10.1.3.2
#配置到服务器组的路由
[SW-core]ip route-static 10.1.2.0  255.255.255.0  10.1.3.2
```

```
[SW-core]quit
<SW-core>save
```

步骤3：配置接入交换机SW2、SW4、SW5、SW6。

```
#配置接入交换机SW2，服务器群使用
<Huawei>system-view
#修改交换机名称
[Huawei]sysname SW2
#配置管理VLAN
[SW2]vlan 100
[SW2-vlan100]quit
#配置交换机管理地址
[SW2]interface vlan 100
[SW2-Vlanif100]ip address 10.1.100.2  24
[SW2-Vlanif100]quit
#创建VLAN 2
[SW2]vlan 2
[SW2-vlan2]quit
#配置VLANIF 2逻辑地址，与路由器AR3的GE0/0/1端口（10.1.2.1）互连
[SW2]interface vlanif2
[SW2-Vlanif2]ip address 10.1.2.2 24
[SW2-Vlanif2]quit
[SW2]quit
#设置端口类型及允许的VLAN
[SW2]interface GigabitEthernet 0/0/1
[SW2-GigabitEthernet0/0/1] port link-type access
[SW2-GigabitEthernet0/0/1] port default vlan 2
[SW2-GigabitEthernet0/0/1]quit
[SW2]
#创建端口组
[SW2]port-group group1
#设置端口组成员
[SW2-port-group-group1]group-member Ethernet 0/0/1 to
```

```
Ethernet 0/0/22
    #设置端口类型
    [SW2-port-group-group1]port link-type access
    #设置允许的VLAN
    [SW2-port-group-group1]port default vlan 2
    [SW2-port-group-group1]quit
    [SW2]quit
    <SW2>save
    #配置接入交换机SW4，财务部使用
    <Huawei>system-view
    #修改交换机名称
    [Huawei]sysname SW4
    #配置管理VLAN
    [SW4]vlan 100
    [SW4-vlan100]quit
    [SW4]interface vlan 100
    [SW4-Vlanif100]ip address 10.1.100.4  24
    [SW4-Vlanif100]quit
    [SW4]
    #创建VLAN 4
    [SW4]vlan 4
    [SW4-vlan4]quit
    #设置端口类型及允许的VLAN
    [SW4]interface GigabitEthernet 0/0/1
    [SW4-GigabitEthernet0/0/1]port link-type trunk
    [SW4-GigabitEthernet0/0/1]port trunk allow-pass vlan all
    [SW4-GigabitEthernet0/0/1]quit
    [SW4]
    #创建端口组
    [SW4]port-group group1
    #设置端口组成员
    [SW4-port-group-group1]group-member Ethernet 0/0/1 to
```

```
Ethernet 0/0/22
    #设置端口类型
    [SW4-port-group-group1]port link-type access
    #设置允许的VLAN
    [SW4-port-group-group1]port default vlan 4
    [SW4-port-group-group1]quit
    [SW4]quit
    <SW4>save
    #配置接入交换机SW5，市场部使用
    <Huawei>system-view
    #修改交换机名称
    [Huawei]sysname SW5
    #配置管理VLAN
    [SW5]vlan 100
    [SW5-vlan100]quit
    [SW5]interface vlan 100
    [SW5-Vlanif100]ip address 10.1.100.5  24
    [SW5-Vlanif100]quit
    [SW5]
    #创建VLAN 5
    [SW5]vlan 5
    [SW5-vlan5]quit
    #设置端口类型及允许的VLAN
    [SW5]interface GigabitEthernet 0/0/1
    [SW5-GigabitEthernet0/0/1]port link-type trunk
    [SW5-GigabitEthernet0/0/1]port trunk allow-pass vlan all
    [SW5-GigabitEthernet0/0/1]quit
    [SW5]
    #创建端口组
    [SW5]port-group group1
    #设置端口组成员
    [SW5-port-group-group1]group-member Ethernet 0/0/1 to
```

Ethernet 0/0/22

#设置端口类型

[SW5-port-group-group1]port link-type access

#设置允许的VLAN

[SW5-port-group-group1]port default vlan 5

[SW5-port-group-group1]quit

[SW5]quit

<SW5>save

#配置接入交换机SW6，研发部使用

<Huawei>system-view

#修改交换机名称

[Huawei]sysname SW6

#配置管理VLAN

[SW6]vlan 100

[SW6-vlan100]quit

[SW6]interface vlan 100

[SW6-Vlanif100]ip address 10.1.100.6 24

[SW6-Vlanif100]quit

[SW6]

#创建VLAN 6

[SW6]vlan 6

[SW6-vlan6]quit

#设置端口类型及允许的VLAN

[SW6]interface GigabitEthernet 0/0/1

[SW6-GigabitEthernet0/0/1]port link-type trunk

[SW6-GigabitEthernet0/0/1]port trunk allow-pass vlan all

[SW6-GigabitEthernet0/0/1]quit

[SW6]

#创建端口组

[SW6]port-group group1

#设置端口组成员

[SW6-port-group-group1]group-member Ethernet 0/0/1 to

```
Ethernet 0/0/22
```

#设置端口类型

```
[SW6-port-group-group1]port link-type access
```

#设置允许的VLAN

```
[SW6-port-group-group1]port default vlan 6
[SW6-port-group-group1]quit
[SW6]quit
<SW6>save
```

步骤4：配置路由器AR3。

```
<Huawei>system-view
```

#修改路由器名称

```
[Huawei]sysname AR3
```

#配置连接三层核心交换机端口的IP地址

```
[AR3]interface GigabitEthernet 0/0/0
[AR3-GigabitEthernet0/0/0]ip address 10.1.3.2 24
[AR3-GigabitEthernet0/0/0]quit
```

#配置连接交换机SW2端口的IP地址

```
[AR3]interface GigabitEthernet 0/0/1
[AR3-GigabitEthernet0/0/1]ip address 10.1.2.1 24
[AR3-GigabitEthernet0/0/1]quit
```

#配置连接外网客户端Client2的端口地址

```
[AR3]interface GigabitEthernet 0/0/2
[AR3-GigabitEthernet0/0/2]ip address 100.1.200.1 24
[AR3-GigabitEthernet0/0/2]quit
```

#配置LoopBack 0逻辑端口地址，模拟外网地址

```
[AR3]interface LoopBack 0
[AR3-LoopBack0]ip address 100.1.100.1  24
[AR3-LoopBack0]quit
```

#配置内网的路由

```
[AR3]ip route-static 10.1.0.0  255.255.0.0  10.1.3.1
```

#配置到服务器组的路由

```
[AR3]ip route-static 10.1.2.0 255.255.255.0 10.1.2.2
```

```
[AR3]quit
<AR3>save
```

步骤5：测试网络连通性，若相互之间ping不通，则不能进行后续步骤。

在核心交换机上测试到其他接入交换机SW4、SW5、SW6的连通性。

```
<SW-core>ping 10.1.100.4
<SW-core>ping 10.1.100.5
<SW-core>ping 10.1.100.6
```

在核心交换机上测试到路由器LoopBack0的连通性。

```
<SW-core>ping 100.1.100.1
```

在PC4、PC5、PC6、PC7上测试到路由器LoopBack0的连通性。

```
PC>ping 100.1.100.1
```

在FTP、DB、WEB服务器上测试到路由器LoopBack0的连通性。打开服务器界面，在目的IPv4中输入100.1.100.1，次数输入5，点击发送。

在PC4、PC5、PC6、PC7上测试到WEB、DB、FTP服务器的连通性。

```
PC>ping 10.1.2.20
PC>ping 10.1.2.21
PC>ping 10.1.2.22
```

步骤6：在三层交换机上配置标准ACL实现对telnet操作的安全访问控制，配置扩展ACL实现对财务部数据的安全访问控制。

现在先分析第一条有关telnet的操作：除了网管工作站PC7（10.1.7.2）和研发部交换机SW6（10.1.100.6）能够远程telnet到核心交换机SW-core（10.1.100.1）外，其他用户都不允许telnet操作。

```
#INTEGER<2000-2999>   标准ACL
#INTEGER<3000-3999>   扩展ACL
#定义标准ACL，允许源地址为10.1.7.2和10.1.100.6的数据包通过
[SW-core]acl 2001
[SW-core-acl-basic-2001]
[SW-core-acl-basic-2001]rule 1 permit source 10.1.7.2  0
[SW-core-acl-basic-2001]rule 2 permit source 10.1.100.6  0
[SW-core-acl-basic-2001]rule 3 deny source any
[SW-core-acl-basic-2001]quit
[SW-core]
```

```
#2001号标准ACL应用到接口user-interface vty 0 4
[SW-core]user-interface vty 0 4
#绑定ACL
[SW-core-ui-vty0-4]acl 2001 inbound
[SW-core-ui-vty0-4]quit
[SW-core]
```

下面分析第二条要求，要求市场部（10.1.5.0）和研发部（10.1.6.0）不能访问财务部（10.1.4.0）数据，但是财务部门作为公司的核心管理部门，可以访问市场和研发部门的数据。因华为S5700交换机不支持自反ACL，故在本实验中无法使用自反ACL实现单向访问控制，只能使用下面的规则模拟单向控制。

```
#定义扩展ACL，编号为3002，编号可以是3000~3999的值
[SW-core]acl 3002
[SW-core-acl-adv-3002] rule 1 permit ip source 10.1.4.0 0.0.0.255 destination 10.1.6.0 0.0.0.255
[SW-core-acl-adv-3002] rule 2 permit ip source 10.1.4.0 0.0.0.255 destination 10.1.5.0 0.0.0.255
[SW-core-acl-adv-3002] rule 3 deny ip source 10.1.5.0 0.0.0.255 destination 10.1.4.0 0.0.0.255
[SW-core-acl-adv-3002] rule 4 deny ip source 10.1.6.0 0.0.0.255 destination 10.1.4.0 0.0.0.255
[SW-core-acl-adv-3002]quit
[SW-core]
#将3002号扩展ACL应用到连接财务部交换机的GE0/0/4端口
[SW-core]interface GigabitEthernet 0/0/4
[SW-core-GigabitEthernet0/0/4]traffic-filter outbound acl 3002
[SW-core-GigabitEthernet0/0/4]quit
[SW-core]
```

步骤7：在路由器AR3上配置扩展ACL实现对服务器的访问控制及互联网的访问控制。

下面分析第三条有关WEB服务器的操作。允许内网和外网所有用户访问WEB服务器80端口（10.1.2.20:80），拒绝所有用户访问WEB服务器的其他端口，只允许企业

内网用户对该WEB服务器进行ping操作，除此之外，拒绝任何不利于WEB服务器安全的操作。

```
#定义扩展ACL，编号为3001，编号可以是3000~3999的值
[AR3]acl 3001
[AR3-acl-adv-3001]
#允许内网和外网所有用户访问WEB服务器的80端口
[AR3-acl-adv-3001]rule 1 permit tcp source any destination 10.1.2.20 0 destination-port eq www
#拒绝所有用户访问WEB服务器的其他端口
[AR3-acl-adv-3001]rule 5 deny tcp source any destination 10.1.2.20 0 destination-port lt 80
#拒绝所有用户访问WEB服务器的其他端口
[AR3-acl-adv-3001]rule 10 deny tcp source any destination 10.1.2.20 0 destination-port gt 80
#允许企业内网用户pingWEB服务器
[AR3-acl-adv-3001]rule 15 permit icmp source 10.1.0.0 0.0.255.255 destination 10.1.2.20 0
#拒绝任何用户对服务器做任何操作
[AR3-acl-adv-3001]rule 20 deny ip source any destination 10.1.2.20 0
#查看当前ACL的配置
[AR3-acl-adv-3001]display this
[AR3-acl-adv-3001]quit
[AR3]quit
<AR3>save
```

下面继续分析第三条有关DB服务器和FTP服务器的操作。只对财务部（10.1.4.0）开放DB服务器1521端口（10.1.2.21:1521），只对研发部（10.1.6.0）开放FTP服务器21端口（10.1.2.22:21）。此外，为便于测试，只允许财务部（10.1.4.0）可以ping DB服务器（10.1.2.21），只允许研发部（10.1.6.0）可以ping FTP服务器（10.1.2.22）。除此之外，所有服务器拒绝任何操作。

```
#定义扩展ACL，编号为3001
[AR3]acl 3001
```

[AR3-acl-adv-3001]

#只对财务部（10.1.4.0）开放DB服务器（10.1.2.21）的1521端口

[AR3-acl-adv-3001]rule 31 permit tcp source 10.1.4.0 0.0.0.255 destination 10.1.2.21 0 destination-port eq 1521

#为便于测试，只允许财务部（10.1.4.0）可以ping DB服务器（10.1.2.21）

[AR3-acl-adv-3001]rule 32 permit icmp source 10.1.4.0 0.0.0.255 destination 10.1.2.21 0

#除此之外，拒绝访问DB服务器其他资源

[AR3-acl-adv-3001]rule 35 deny ip source any destination 10.1.2.21 0

#只对研发部（10.1.6.0）开放FTP服务器（10.1.2.22）的21端口

[AR3-acl-adv-3001]rule 41 permit tcp source 10.1.6.0 0.0.0.255 destination 10.1.2.22 0 destination-port eq 21

#为便于测试，只允许研发部（10.1.6.0）可以ping FTP服务器（10.1.2.22）

[AR3-acl-adv-3001] rule 42 permit icmp source 10.1.6.0 0.0.0.255 destination 10.1.2.22 0

#除此之外，拒绝访问FTP服务器其他资源

[AR3-acl-adv-3001]rule 45 deny ip source any destination 10.1.2.22 0

#查看当前ACL的配置

[AR3-acl-adv-3001]display this

[AR3-acl-adv-3001]quit

#将3001号扩展ACL应用到连接服务器组的AR3路由器的 GE 0/0/1端口

[AR3]interface GigabitEthernet 0/0/1

[AR3-GigabitEthernet0/0/1]traffic-filter outbound acl 3001

#可以使用下面命令删除ACL绑定

#[AR3-GigabitEthernet0/0/1]undo traffic-filter outbound

[AR3-GigabitEthernet0/0/1]quit

[AR3]quit

<AR3>save

#查看指定的ACL

```
<AR3>display acl 3001
```

下面配置扩展ACL实现第四条业务要求。该企业要求在上班时间内（9:00~17:00）禁止员工访问互联网（100.1.100.1），除此之外，在任何时间都允许访问互联网，按要求完成相关配置。

```
#定义周期性时间范围，工作日9:00~17:00
[AR3]time-range  tr1  9:00 to 17:00 working-day
#可以配置其他时间段用于测试
#time-range  tr2  8:00 to 9:00 working-day
#定义扩展ACL，编号为3002
[AR3]acl 3002
[AR3-acl-adv-3002]rule 1 deny ip source 10.1.0.0 0.0.255.255 destination 100.1.100.1 0  time-range tr1
[AR3-acl-adv-3002]rule 5 permit ip source 10.1.0.0 0.0.255.255 destination 100.1.100.1 0
[AR3-acl-adv-3002]quit
#将3002号扩展ACL应用到AR3路由器的GE 0/0/0端口
[AR3]interface GigabitEthernet 0/0/0
[AR3-GigabitEthernet0/0/0]traffic-filter inbound acl 3002
#可以使用下面命令删除ACL绑定
#[AR3-GigabitEthernet0/0/0]undo traffic-filter inbound
[AR3-GigabitEthernet0/0/0]quit
[AR3]quit
<AR3>save
```

步骤8：测试三层交换机SW-core上ACL的控制效果。

测试telnet的ACL控制（acl number 2001）。分别在SW4、SW5和SW6接入交换机上执行下面命令测试，telnet 账号为Username:admin，Password:huawei123，测试结果发现只能在SW6交换机上登录核心交换机SW-core，与配置相符。

```
<SW4>telnet 10.1.100.1
<SW5>telnet 10.1.100.1
<SW6>telnet 10.1.100.1
```

测试对财务部数据的ACL控制（acl number 3002）。分别在SW4、SW5、SW6交换机的GE0/0/1端口上启用Wireshark网络抓包，然后分别执行下面操作测试ACL，观察

Wireshark抓到的数据包。

在PC4上执行下面命令，测试结果发现在SW5、SW6交换机的GE0/0/1端口上可以抓到ICMP的request数据包和reply数据包，说明财务部可以访问研发部和市场部网络资源。

```
PC>ping 10.1.6.2  -t
PC>ping 10.1.5.2  -t
```

反向测试对财务部的ACL控制（acl number 3002）。在PC5、PC6上分别执行下面命令，在SW5、SW6交换机的GE0/0/1端口上只能抓到ICMP的request数据包，没有reply数据包，在SW4交换机的GE0/0/1端口上抓不到任何的ICMP数据包，说明研发部和市场部无法访问财务部网络资源。

```
PC>ping 10.1.4.2-t
```

步骤9：测试路由器AR3上扩展ACL的控制效果。acl number 3001是对服务器的访问控制，acl number 3002是对互联网的访问控制，下面先测试WEB服务器。

对WEB服务器的ACL控制是：允许内网和外网所有用户访问WEB服务器80端口（10.1.2.20:80），拒绝所有用户访问WEB服务器的其他端口，只允许企业内网用户对该WEB服务器进行ping操作，除此之外，拒绝任何不利于WEB服务器安全的操作。

测试内网用户对WEB服务器执行ping操作。在研发部PC6、市场部PC5、财务部PC4分别执行ping 10.1.2.20命令，测试到WEB服务器的连通性，经测试发现，服务器允许内网用户执行ping操作，并返回reply数据包。

测试外网用户对WEB服务器执行ping操作。在AR3的GE0/0/2端口添加一台Client客户端，配置IP地址为100.1.200.2，子网掩码255.255.255.0，网关为100.1.200.1，执行ping操作，经测试无法ping通WEB服务器（10.1.2.20）。

启动WEB服务器的80端口服务。是否启动成功可以查看日志信息，具体操作在此不再赘述，如图16-2所示。

测试WEB服务器的80端口。在AR3的GE0/0/1端口上启动Wireshark数据抓包，与添加外网Client客户端一样，在研发部、市场部、财务部分别添加Client客户端，配置相应IP地址、子网掩码、网关。在客户端地址栏输入http://10.1.2.20访问WEB服务器80端口，经测试发现，可以在客户端获取到HTTP相关信息和index.html文件，如图16-3所示。此外，在GE0/0/1端口上也可以抓到HTTP和TCP协议数据包，如图16-4所示。

测试WEB服务器的8080端口。在AR3的GE0/0/0、GE0/0/1、GE0/0/2端口上启动

图16-2　启动WEB服务器的80端口服务

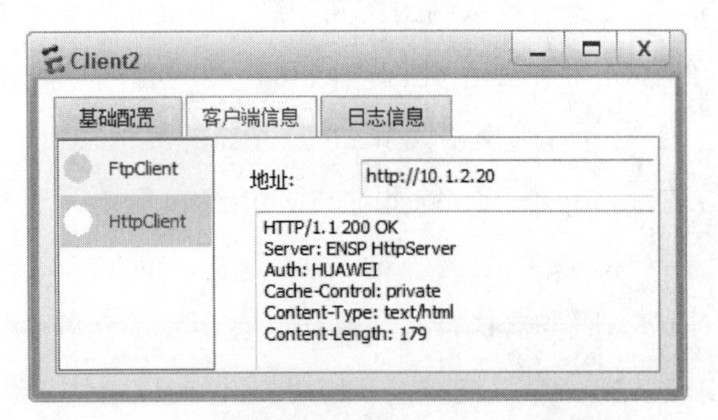

图16-3　外网Client2客户端访问WEB服务器80端口

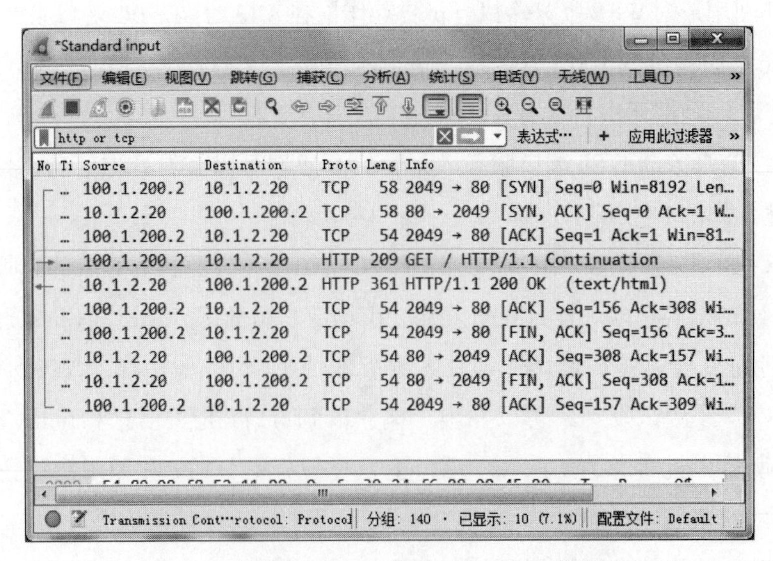

图16-4　在路由器AR3的GE0/0/1端口抓取的数据包

Wireshark网络抓包，分别在研发部客户端Client1和外网客户端Client2访问WEB服务器的8080端口，如图16-5所示。经测试发现，在AR3的GE0/0/1端口上抓不到TCP数据包，但是在GE0/0/0或GE0/0/2端口上抓到了TCP数据包，首次连接WEB服务器8080端口失败后，又连续发送了四次TCP连接请求，均没有响应，如图16-6所示。由此可见是路由器AR3的ACL拒绝了8080端口的连接请求。

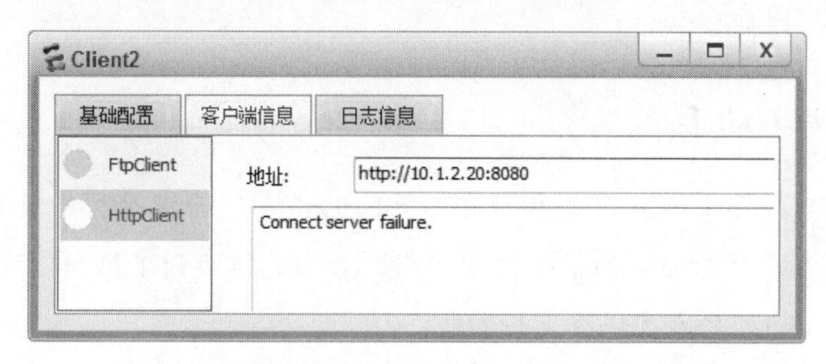

图16-5 外网Client2客户端访问WEB服务器8080端口

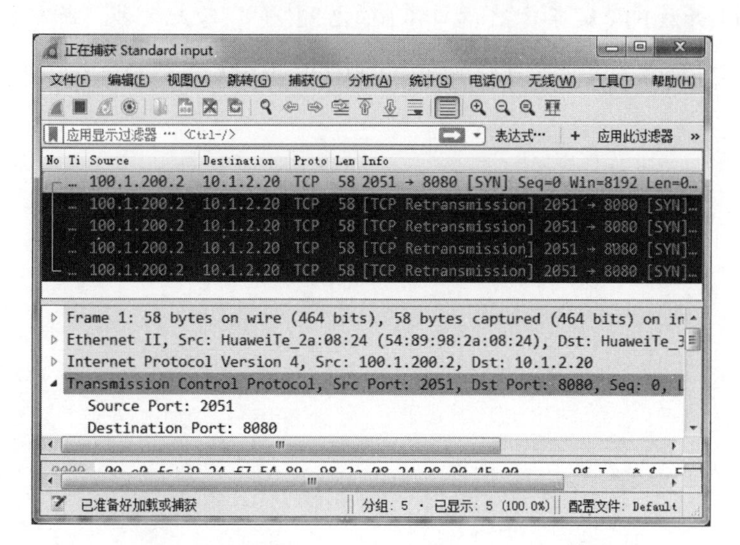

图16-6 在路由器AR3的GE0/0/2端口抓取的数据包

对DB服务器和FTP服务器的测试，本文不再赘述，留作思考与动手问题。

测试内网用户对互联网的时间访问控制。具体要求是在上班时间内（9:00~17:00）禁止员工访问互联网（100.1.100.1），除此之外，在任何时间都允许访问互联网。

分别在PC4、PC5、PC6上执行下面操作测试能否ping通LoopBack0地址100.1.100.1。

```
PC>ping 100.1.100.1
```

若ping不通，查看AR3路由器上的时间范围定义，重新定义时间段tr2，执行下面操作绑定到ACL3002的规则中，然后再执行ping操作测试ACL的时间控制。

```
time-range tr1 09:00 to 17:00 working-day
time-range tr2 08:00 to 09:00 working-day
[AR3]acl 3002
[AR3-acl-adv-3002] rule 1 deny ip source 10.1.0.0
0.0.255.255 destination 100.1.100.1 0 time-range  tr2
[AR3-acl-adv-3002]
```

七、思考·动手

（1）要求市场部（10.1.5.0）和研发部（10.1.6.0）不能访问财务部（10.1.4.0）数据，但是财务部门作为公司的核心管理部门，必须能访问到市场和研发部门的数据。请使用MUX-VLAN技术实现该业务要求。

（2）只对财务部（10.1.4.0）开放DB服务器1521端口（10.1.2.21:1521），只对研发部（10.1.6.0）开放FTP服务器21端口（10.1.2.22:21），除此之外，所有服务器拒绝任何操作，请读者根据上述要求自己来测试acl number 3001规则的有效性。

实验17　网络地址转换（NAT）配置

一、实验目的

（1）理解私网地址和公网地址的区别。

（2）理解NAT转换原理及类型。

（3）掌握NAT的配置方法。

二、实验设备及工具

华为S5700交换机1台，华为S3700交换机1台，华为AR3260路由器2台，服务器2台，PC3台，客户端3台。

三、实验原理（背景知识）

在IP地址中，根据IP地址的作用范围分为私网地址和公网地址两大类。私网地址只有本地网络用户才可以使用，不能在互联网公网中使用，属于非注册类型的IP地址，互联网中的路由器对私网地址不进行转发。各类私网地址的范围如下：

A: 10.0.0.0 ~ 10.255.255.255

B: 172.16.0.0 ~ 172.31.255.255

C: 192.168.0.0~ 192.168.255.255

NAT（Network Address Translation）的功能就是让私网中的计算机通过少数几个甚至一个公网IP地址访问互联网资源。NAT技术不仅能缓减IPv4地址紧缺问题，而且还可以隐藏网络内部的所有主机，有效避免来自互联网的攻击。NAT技术包括静态NAT、动态地址NAT和网络地址与端口转换NAPT三种类型：

1. 静态NAT（Static NAT）

静态NAT是把私网IP地址一对一映射到公网IP地址上，静态NAT不能解决IP地址紧缺问题，但借助于静态NAT转换，可以实现外部网络对内部网络中某些特定设备

（如服务器）的访问。

2. 动态NAT（Dynamic NAT）

动态NAT是将一组私网IP地址映射到一组公网IP地址上，IP地址映射是随机的、不确定的，但最终还是一对一映射，不能解决IPv4地址紧缺问题。

3. 网络地址与端口转换NAPT（Network Address Port Translation）

NAPT采用端口多路复用方式，私网的所有主机均可共享一个公网IP地址实现对互联网的访问，从而可以最大限度地节约IP地址资源。因此，目前网络中应用最多的是端口多路复用方式。NAPT与静态NAT、动态NAT的区别在于，NAPT不仅转换IP包中的IP地址，还对TCP或UDP的端口号进行转换。

不可否认，NAT技术有效缓减了IPv4地址紧缺的问题，但根本上不能改变IPv4地址空间的不足。如果要从根本上解决IP地址资源的问题，IPv6才是根本之路。在IPv4转换到IPv6的过程中，NAT技术确实是一个不错的选择，相对其他方案优势也非常明显。

四、实验任务及要求

如图17-1所示，某企业网络通过一台华为S5700三层核心交换机SW1将若干台PC和一台服务器Server1相连，三层核心交换机SW1通过华为AR3260路由器AR1接入互联网，企业内部按照业务功能划分为四个VLAN，分别是服务器组（VLAN2）、Internet连接（VLAN3）、业务组1（VLAN4）、业务组2（VLAN5）。该企业在ISP处仅申请到七个公网IP地址：100.1.100.1~7，请按照下面要求配置相关网络设备：

（1）Server1通过静态NAT将192.168.2.2地址转换为100.1.100.3，客户端Client2能够访问服务器Server1的80端口。

（2）PC4-1和Client4-2通过动态NAT将192.168.4.2~3地址转换为100.1.100.4~5访问公网地址。

（3）PC5-1和PC5-2和客户端Client5-3通过端口多路复用方式将192.168.5.0/24地址转换为100.1.100.6访问公网地址，Client5-3能够访问服务器Server2的80端口。

五、实验拓扑图

实验拓扑图如图17-1所示。

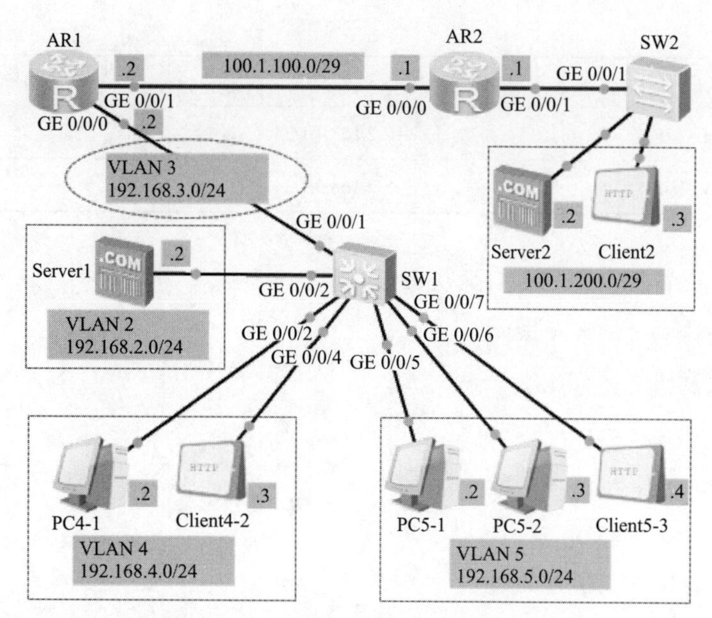

图17-1　配置NAT实现对互联网的访问

六、实验步骤

步骤1：启动所有设备，见表17-1，为PC、Client客户端和服务器配置IPv4地址、子网掩码和网关。

表17-1　PC、客户端、服务器、路由器端口和VLANIF的IPv4地址

名称	IPv4地址	网关地址
PC4–1	192.168.4.2/24	192.168.4.1
Client 4–2	192.168.4.3/24	192.168.4.1
PC5–1	192.168.5.2/24	192.168.5.1
PC5–2	192.168.5.3/24	192.168.5.1
Client5–3	192.168.5.4/24	192.168.5.1
Server1	192.168.2.2/24	192.168.2.1
Server2	100.1.200.2	100.1.200.1
Client2	100.1.200.3	100.1.200.1
AR1:GE0/0/0	192.168.3.2/24	
AR1:GE0/0/1	100.1.100.2/29	
AR2:GE0/0/0	100.1.100.1/29	
AR2:GE0/0/1	100.1.200.1/29	
VLANIF 2	192.168.2.1/24	
VLANIF 3	192.168.3.1/24	

续表

名称	IPv4地址	网关地址
VLANIF 4	192.168.4.1/24	
VLANIF 5	192.168.5.1/24	

步骤2：配置SW1三层核心交换机。

```
<Huawei>system-view
#修改交换机的名称
[Huawei]sysname SW1
#创建VLAN 2、3、4、5
[SW1]vlan batch 2 to 5
#配置VLANIF 2的逻辑地址
[SW1]interface vlan 2
[SW1-Vlanif2]ip address 192.168.2.1 24
[SW1-Vlanif2]quit
[SW1]
#配置VLANIF 3的逻辑地址
[SW1]interface vlan 3
[SW1-Vlanif3]ip address 192.168.3.1 24
[SW1-Vlanif3]quit
[SW1]
#配置VLANIF 4的逻辑地址
[SW1]interface vlan 4
[SW1-Vlanif3]ip address 192.168.4.1 24
[SW1-Vlanif3]quit
[SW1]
#配置VLANIF 5的逻辑地址
[SW1]interface vlan 5
[SW1-Vlanif3]ip address 192.168.5.1 24
[SW1-Vlanif3]quit
[SW1]
#配置连接路由器AR1的端口类型及VLAN
```

```
[SW1]interface GigabitEthernet 0/0/1
[SW1-GigabitEthernet0/0/1]port link-type access
[SW1-GigabitEthernet0/0/1]port default vlan 3
[SW1-GigabitEthernet0/0/1]quit
[SW1]
#配置连接服务器Server1的端口类型及VLAN
[SW1]interface GigabitEthernet 0/0/2
[SW1-GigabitEthernet0/0/2]port link-type access
[SW1-GigabitEthernet0/0/2]port default vlan 2
[SW1-GigabitEthernet0/0/2]quit
[SW1]
#配置端口类型及VLAN
[SW1]interface GigabitEthernet 0/0/3
[SW1-GigabitEthernet0/0/3]port link-type access
[SW1-GigabitEthernet0/0/3]port default vlan 4
[SW1-GigabitEthernet0/0/3]quit
[SW1]
#配置端口类型及VLAN
[SW1]interface GigabitEthernet 0/0/4
[SW1-GigabitEthernet0/0/4]port link-type access
[SW1-GigabitEthernet0/0/4]port default vlan 4
[SW1-GigabitEthernet0/0/4]quit
[SW1]
#创建端口组，批量设置端口类型及VLAN
[SW1]port-group group1
[SW1-port-group-group1]group-member GigabitEthernet 0/0/5 to GigabitEthernet 0/0/7
[SW1-port-group-group1]port link-type access
[SW1-port-group-group1]port default vlan 5
[SW1-port-group-group1]quit
[SW1]
#配置默认路由
```

```
[SW1]ip route-static 0.0.0.0 0.0.0.0 192.168.3.2
[SW1]quit
<SW1>save
```

步骤3：配置路由器AR1、AR2的端口IP地址及静态路由。

```
#配置路由器AR1
<Huawei>system-view
#修改路由器名称
[Huawei]sysname AR1
#配置连接交换机SW1的端口地址
[AR1]interface GigabitEthernet 0/0/0
[AR1-GigabitEthernet0/0/0]ip address 192.168.3.2 24
[AR1-GigabitEthernet0/0/0]quit
[AR1]
#配置连接路由器AR2的端口地址
[AR1]interface GigabitEthernet 0/0/1
[AR1-GigabitEthernet0/0/1]ip address 100.1.100.2 29
[AR1-GigabitEthernet0/0/1]quit
[AR1]
#配置到私网和公网的静态路由
[AR1]ip route-static 192.168.0.0 16 192.168.3.1
[AR1]ip route-static 100.1.200.0 29 100.1.100.1
#查看路由表
[AR1]display ip routing-table
[AR1]quit
<AR1>save
#配置路由器AR2
<Huawei>system-view
#修改路由器的名称
[Huawei]sysname AR2
#配置连接路由器AR1的端口地址
[AR2]interface GigabitEthernet 0/0/0
[AR2-GigabitEthernet0/0/0]ip address 100.1.100.1 29
```

```
[AR2-GigabitEthernet0/0/0]quit
#配置连接交换机SW2的端口地址
[AR2]interface GigabitEthernet 0/0/1
[AR2-GigabitEthernet0/0/1]ip address 100.1.200.1 29
[AR2-GigabitEthernet0/0/1]quit
[AR2]
#配置到私网的静态路由
[AR2]ip route-static 192.168.0.0 16 100.1.100.2
#查看路由表
[AR2]display ip routing-table
[AR2]quit
<AR2>save
```

步骤4：测试网络连通性，若相互之间不能ping通，则不能进行后续步骤。

在PC4-1和Client4-2上执行下面命令测试到Server1、Server2和Client2的连通性。

```
PC>ping 192.168.2.2
PC>ping 100.1.200.2
PC>ping 100.1.200.3
```

在PC5-1、PC5-2和Client5-3上执行下面命令测试到Server1、Server2和Client2的连通性。

```
PC>ping 192.168.2.2
PC>ping 100.1.200.2
PC>ping 100.1.200.3
```

在Server1上执行ping操作测试到Server2和Client2的连通性。打开服务器界面，在目的IPv4中依次输入Server2和Client2的IP地址，次数输入5，点击发送。

步骤5：路由器AR1配置静态NAT。

```
# Server1通过静态NAT将192.168.2.2地址转换为100.1.100.3访问公网
#公网客户端Client2能够访问私网服务器Server1的80端口
<AR1>sys
[AR1]interface GigabitEthernet 0/0/1
#配置静态NAT，公网地址为100.1.100.3，私网地址为192.168.2.2
[AR1-GigabitEthernet0/0/1]nat static global 100.1.100.3 inside 192.168.2.2
```

```
[AR1-GigabitEthernet0/0/1]quit
[AR1]
#查看静态NAT配置信息
[AR1]display nat static
#查看NAT会话表的动态信息
[AR1]display nat session all verbose
```

步骤6：路由器AR1配置动态NAT。

```
#通过动态NAT将VLAN 4的地址192.168.4.0/24地址转换为100.1.100.4或100.1.100.5访问公网
#但同一时间只能有两个私网地址进行NAT映射
<AR1>system-view
#配置NAT地址池，索引号为1，起始地址为100.1.100.4，终止地址为100.1.100.5
[AR1]nat address-group 1 100.1.100.4  100.1.100.5
#查看地址池
[AR1]display nat address-group
[AR1]
#配置基本ACL（标准ACL），编号为2001，编号为2000~2999的ACL为基本ACL
[AR1]acl 2001
#仅允许对VLAN 4的源地址进行动态NAT转换
[AR1-acl-basic-2001]rule 1 permit source 192.168.4.0 0.0.0.255
[AR1-acl-basic-2001]quit
#查看ACL
[AR1]display acl all
[AR1]display acl 2001
[AR1]
#在路由器的出口方向配置动态NAT，将ACL 2001与公网地址池1关联起来
#ACL在前面已规定了参与动态NAT的私网源地址
# no-pat参数表示不转换端口，只是一对一转换地址
[AR1]interface GigabitEthernet 0/0/1
```

[AR1-GigabitEthernet0/0/1]nat outbound 2001 address-group 1 no-pat

[AR1-GigabitEthernet0/0/1]quit

[AR1]

#查看动态NAT的配置

[AR1]display nat outbound

[AR1]display nat outbound acl 2001

[AR1]display nat outbound interface GigabitEthernet 0/0/1

#查看NAT会话表的动态信息

[AR1]display nat session all

步骤7：路由器AR1配置NAPT。

#通过NAPT方式将VLAN5的192.168.5.0/24地址转换为100.1.100.6访问公网

#配置地址池，注意与先前配置的地址池不能重复了

[AR1]nat address-group 2 100.1.100.6 100.1.100.6

#可用下面命令删除地址池

#[AR1]undo nat address-group 2

#查看地址池

[AR1]display nat address-group

#配置ACL，编号为2002，注意与先前的ACL不能重复了

#仅允许VLAN 5的地址进行NAPT转换

[AR1]acl 2002

[AR1-acl-basic-2002]rule 1 permit source 192.168.5.0 0.0.0.255

[AR1-acl-basic-2002]quit

[AR1]

#在路由器的出口方向配置NAPT，将ACL 2002与公网地址池2关联起来

[AR1]interface GigabitEthernet 0/0/1

[AR1-GigabitEthernet0/0/1]nat outbound 2002 address-group 2

#查看GigabitEthernet0/0/1端口上的NAT配置，可以看到根据不同的源地址配置了三种NAT

[AR1]interface GigabitEthernet0/0/1

```
[AR1-GigabitEthernet0/0/1] display  this
[V200R003C00]
#
interface GigabitEthernet0/0/1
 ip address 100.1.100.2 255.255.255.248
 nat static global 100.1.100.3 inside 192.168.2.2 netmask 255.255.255.255
 nat outbound 2001 address-group 1 no-pat
 nat outbound 2002 address-group 2
#
return
[AR1-GigabitEthernet0/0/1]quit
[AR1]
```

步骤8：依次测试三种NAT：静态NAT、动态NAT和NAPT。

（1）测试静态NAT。分别在路由器AR1的GE0/0/0和GE0/0/1端口启用Wireshark网络抓包。在Client2客户端执行ping操作，ping服务器Server1（100.1.100.3），分析抓取到的ICMP数据包的源地址和目的地址的变化。

启动服务器Server1的HttpServer服务，然后在Client2客户端访问http://100.1.100.3，分析抓取到的TCP数据包的源地址、目的地址、源端口、目的端口的变化情况，如图17-2、图17-3所示。

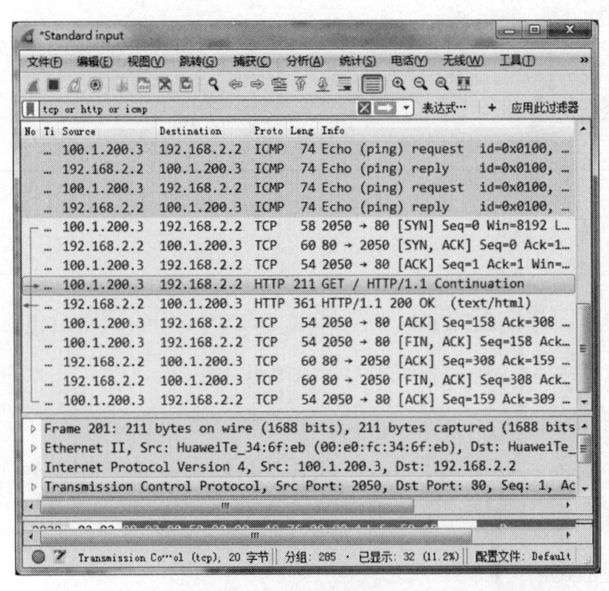

图17-2　在路由器AR1的GE0/0/0端口抓取的数据包

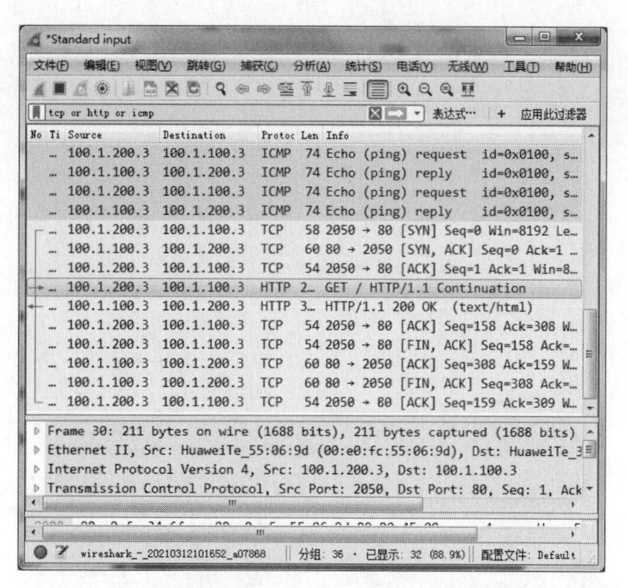

图17-3 在路由器AR1的GE0/0/1端口抓取的数据包

测试发现：服务器Server1在私网以192.168.2.2的IP地址传输数据，但是经路由器AR1静态NAT转化后以公网地址100.1.100.3与Client2客户端传输数据。此外，不管是在私网还是在公网传输，TCP传输的源端口和目的端口都没有变。

（2）测试动态NAT。分别在路由器AR1的GE0/0/0和GE0/0/1端口，启用Wireshark网络抓包。依次在PC4-1和Client4-2上执行ping命令，ping服务器Server2，分析抓取到的ICMP数据包的源地址和目的地址的变化，抓到的ICMP数据包如图17-4、图17-5所示。

启动Server2的HttpServer服务，然后在Client4-2客户端访问服务器Server2的80端口（http://100.1.200.2），分析抓取到的TCP数据包的源地址、目的地址、源端口、目的端口的变化情况，抓到的数据包如图17-6、图17-7所示。

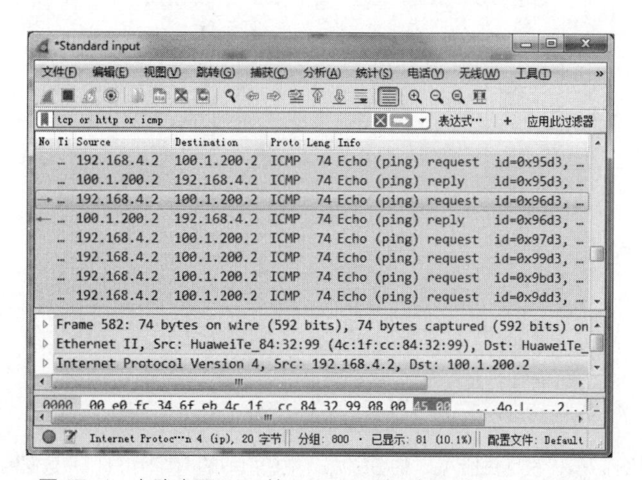

图17-4 在路由器AR1的GE0/0/0端口抓取的ICMP数据包

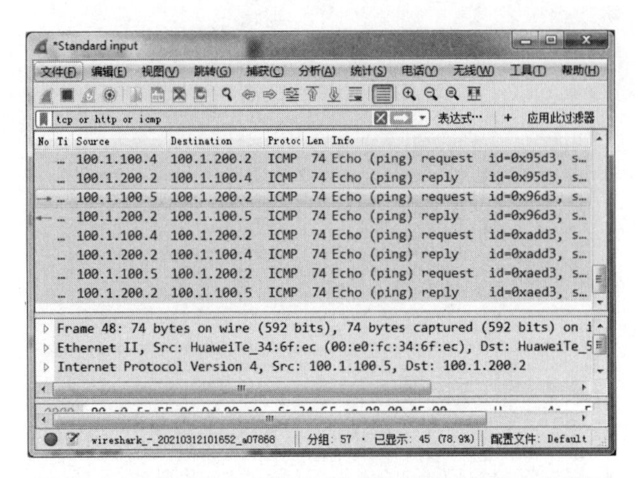

图17-5 在路由器AR1的GE0/0/1端口抓取的ICMP数据包

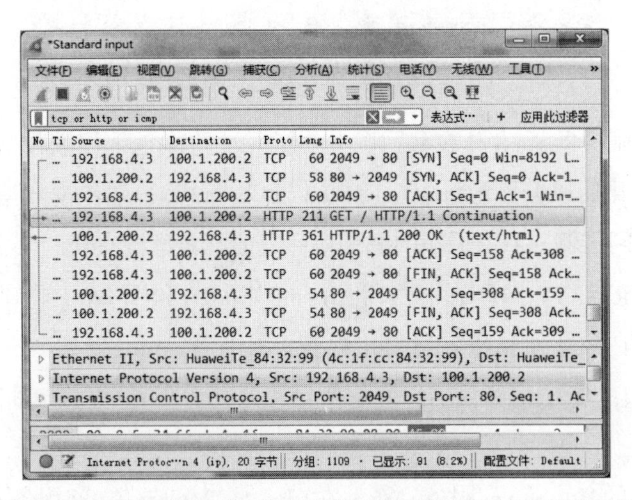

图17-6 在路由器AR1的GE0/0/0端口抓取的TCP和HTTP数据包

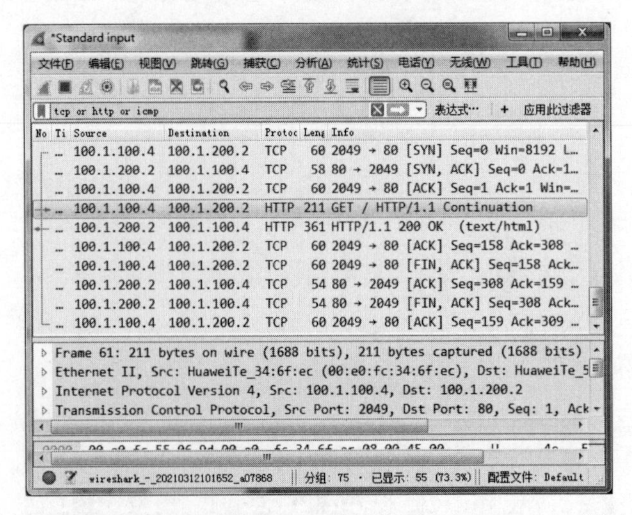

图17-7 在路由器AR1的GE0/0/1端口抓取的TCP和HTTP数据包

测试发现：在PC4-1上ping服务器Server2，在私网以192.168.4.2地址与Server2通信，但是经路由器AR1动态NAT转换后，以100.1.100.4或100.1.100.5公网地址与Server2通信。

客户端Client4-2在私网以192.168.4.3的IP地址传输数据，但是经路由器AR1动态NAT转化后以公网地址100.1.100.4与服务器Server2传输数据。此外还注意到，不管是在私网还是在公网传输，TCP传输的源端口和目的端口都没有变。

（3）测试NAPT。分别在路由器AR1的GE0/0/0和GE0/0/1端口，启用Wireshark网络抓包。依次在PC5-1和Client5-3上执行ping命令，ping服务器Server2，分析抓取到的ICMP数据包的源地址和目的地址的变化。

在路由器AR1上执行下面的命令可以看到NAT的状态，如图17-8所示。

```
<AR1>display nat session all
```

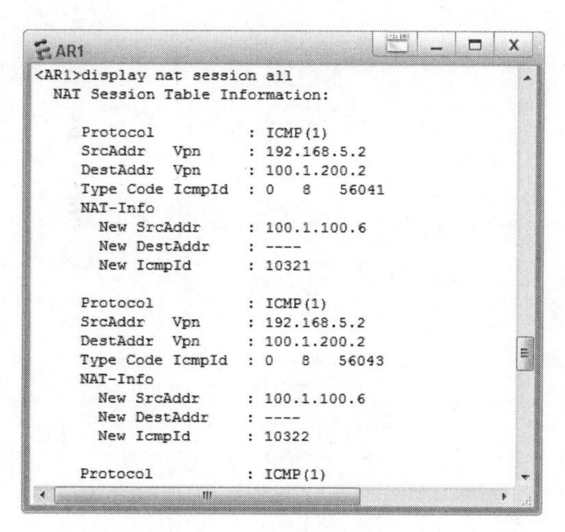

图17-8　查看NAT会话表

启动Server2的HttpServer服务，然后在Client5-3客户端访问服务器Server2的80端口（http://100.1.200.2），分析抓取到的TCP数据包的源地址、目的地址、源端口、目的端口的变化情况，抓取到的数据包如图17-9、图17-10所示。

测试发现：在PC5-1上ping服务器Server2，在私网以192.168.5.2地址与Server2（100.1.200.2）通信，但是经路由器AR1进行NAPT转换后，以100.1.100.6公网地址与Server2通信。

客户端Client5-3在私网以192.168.5.4的IP地址传输数据，但是经路由器AR1进行NAPT转化后也是以公网地址100.1.100.6与服务器Server2传输数据。此外，还发现TCP传输的端口号也发生了改变，在私网源端口号是2050，在公网源端口号变化为1832，即数据包经过路由器AR1后IP地址和端口号都进行了NAT转换。

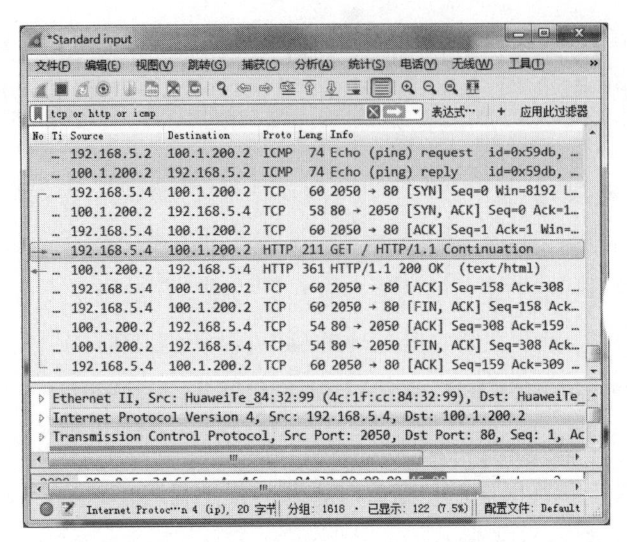

图17-9 在路由器AR1的GE0/0/0端口抓取的数据包

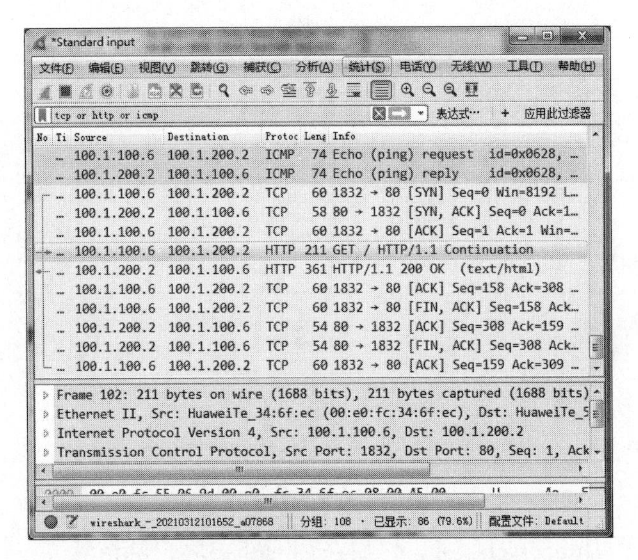

图17-10 在路由器AR1的GE0/0/1端口抓取的数据包

七、思考·动手

（1）请根据三种NAT测试的结果，分别做三个表格跟踪ICMP数据包和TCP数据包的IP地址和端口变化情况。

（2）在测试动态NAT的时候，发现在PC4-1上执行ping 100.1.200.2 -t命令，有丢包现象，网络不像静态NAT和NAPT端口映射方式稳定，有延迟，而且丢包率很高，为什么？

（3）整理NAT操作的常用命令。

实验18 IPv6网络配置

一、实验目的

（1）了解IPv6地址的特点。

（2）掌握手工配置IPv6地址的方法。

（3）掌握IPv6静态路由和默认路由的配置方法。

（4）掌握IPv6动态路由协议RIPng的配置方法。

二、实验设备及工具

华为AR3260路由器3台，PC2台。

三、实验原理（背景知识）

IPv6是IPv4的更新版本并且它将逐渐替代IPv4而成为互联网标准协议。IPv6增强的关键是将IP地址空间从32位扩展到128位，从根本上解决了IP地址紧缺的问题。

IPv6地址结构：一个IPv6地址可以分为两部分。网络前缀：*n*比特，相当于IPv4地址中的网络ID；接口标识：128−*n*比特，相当于IPv4地址中的主机ID。比如，地址2001:A304:6101:1::E0:F726:4E58 /64的构成如图18−1所示。

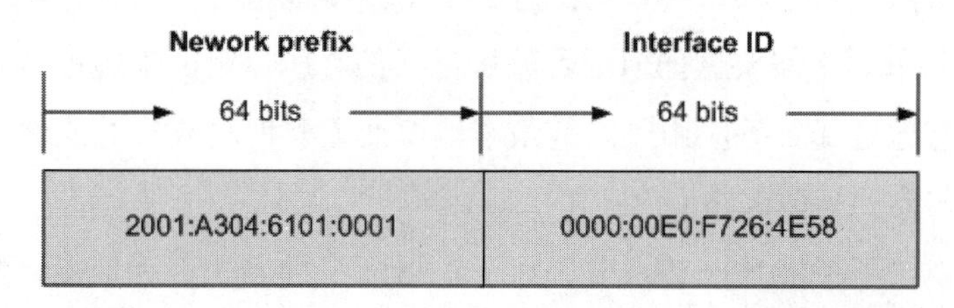

图18−1 地址2001:A304:6101:1::E0:F726:4E58 /64的构成示意图

IPv6表示方法为：*xxxx:xxxx:xxxx:xxxx:xxxx:xxxx:xxxx:xxxx*，其中每个*x*代表一个十六进制数字，共32位十六进制数字。除此首选格式外，IPv6地址还可以用其他两种短格式表示方法：

省略前导零。通过省略前导零指定IPv6地址。例如，IPv6地址1050:0000:0000:0000:0005:0600:300c:326b可写作1050:0:0:0:5:600:300c:326b。

双冒号。通过使用双冒号（::）替换一系列零来指定IPv6地址。例如，IPv6地址ff06:0:0:0:0:0:0:c3可写作ff06::c3。一个IPv6地址中只可使用一次双冒号。

IPv6主要有三种地址类型：单播地址、组播地址、任播地址。IPv6与IPv4相比，增加了任播地址，取消了广播地址，IPv6中的广播功能由组播完成。

单播地址（Unicast）：唯一标识一个接口，类似于IPv4的单播地址。发送到单播地址的数据包将被传输到此地址所标识的唯一接口。单播地址还可以分为以下几种，见表18-1。

表18-1 IPv6单播地址类型

地址类型	二进制前缀	IPv6前缀标识
链路本地地址（link local address）	1111,1110,10	FE80::/10
站点本地地址（site-local address）	1111,1110,11	FEC0::/10
唯一本地地址（unique local address）	1111,110	FC00::/7
环回地址	00...1 (128 bits)	::1/128
未指定地址	00...0 (128 bits)	::/128
全球单播地址	其他	—

下面重点介绍一下链路本地地址、站点本地地址和唯一本地地址：

链路本地地址（Link Local Address）是IPv6中的应用范围受限制的单播地址类型，只能在连接到同一本地链路的节点之间使用。它由特定的本地链路前缀FE80::/10和IEEE EUI-64格式的接口标识符构成。

当一个节点启动IPv6协议后，通过配置IPv6全球单播地址或配置自动生成的链路本地地址时，节点的每个接口会自动配置一个链路本地地址。这种机制使两个连接到同一链路的IPv6节点不需要做任何配置就可以通信。所以链路本地地址广泛应用于邻居发现，无状态地址配置等应用。以链路本地地址为源地址或目的地址的IPv6报文不会被路由设备转发到其他链路。

当在接口视图下使能IPv6协议时，可通过下面三种方式，为该接口配置链路本地地址：

➢ 接口配置IPv6全球单播地址后，自动生成链路本地地址。

➢ 接口配置ipv6 address auto Link-Local命令，自动生成链路本地地址。

➢ 接口使用ipv6 address Link-Local命令手动指定链路本地地址。

由此可见，该类型地址根据协议定义允许自动生成、也允许用户手动配置。可以为接口配置多个全球单播地址，但是每个接口只能有一个链路本地地址。在本链路上，路由表中看到的下一跳都是对端的链路本地地址，不是公网IP地址。

站点本地地址和唯一本地地址都属于IPv6的私网地址，就像IPv4中的私网保留地址一样，值得注意的是，在RFC4193系列标准中站点本地地址已被唯一本地地址代替。站点本地地址的前缀：FEC0::/10，其后的54比特用于子网ID，最后64比特用于主机ID。该类地址只能在本站点内使用，不能在公网上使用。例如：在本地分配十个子网

①FEC0:0:0:0001::/64

②FEC0:0:0:0002::/64

③FEC0:0:0:0003::/64

……

⑩FEC0:0:0:000A::/64

站点本地地址被设计用于永远不会与全球IPv6互联网进行通信的设备，比如：打印机、私网内部服务器、网络交换机等。

RIPng又称下一代RIP协议（RIP next generation），它是对原来的IPv4网络中RIP-2协议的扩展。大多数 RIP 的概念都可以用于RIPng，比如，RIPng 协议是基于距离矢量算法的协议；它通过UDP报文交换路由信息，使用的端口号为521（RIP使用520）；使用跳数来衡量到达目的地址的距离（也称度量值或开销），当跳数等于16时，目的网络或主机被定义为不可达。

基于距离矢量算法的路由协议会产生慢收敛和无限计数问题，这样就引发了路由的不一致。RIPng使用水平分割技术、毒性逆转技术、触发更新技术来解决这些问题。

RIPng有两种报文：在Command字段定义，0×01表示Request报文；0×02表示Response报文。RIPng每30秒左右发送一次路由更新报文。如果在180秒内没有收到网络邻居的路由更新报文，RIPng 将从邻居学到的所有路由标识为不可达。如果再过120秒内仍没有收到邻居的路由更新报文，RIPng将从路由表中删除这些路由。

四、实验任务及要求

如图18-2所示，三台华为AR3260路由器互连，采用手工配置IPv6的方式配置IP地址，在路由器上先后配置默认路由、静态路由、RIPng实现网络互连互通。

五、实验拓扑图

实验拓扑图如图18-2所示。

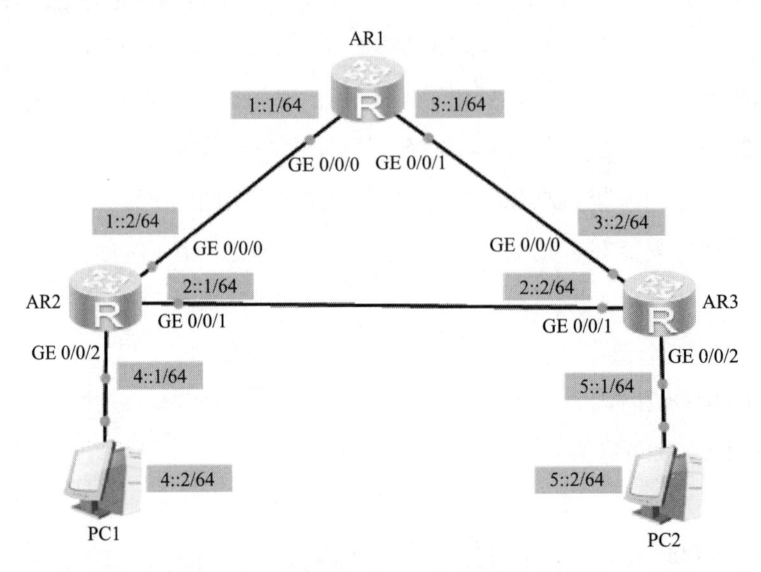

图18-2 路由器配置RIPng实现网络之间通信

六、实验步骤

步骤1：启动所有设备，见表18-2，为PC配置IPv6地址、前缀长度和网关。

表18-2 PC和路由器端口的IPv6地址

名称	IPv6地址	网关
PC1	4::2/64	4::1/64
PC2	5::2/64	5::1/64
路由器		
AR1:GE0/0/0	1::1/64	
AR1:GE0/0/1	3::1/64	
AR2:GE0/0/0	1::2/64	
AR2:GE0/0/1	2::1/64	
AR2:GE0/0/2	4::1/64	
AR3:GE0/0/0	3::2/64	
AR3:GE0/0/1	2::2/64	
AR3:GE0/0/2	5::1/64	

步骤2：配置路由器AR1的端口地址，并启动IPv6功能。

```
<Huawei>system-view
#修改路由器名称
[Huawei]sysname AR1
#启动IPv6功能
[AR1]ipv6
#配置GE0/0/0端口的IPv6地址
[AR1]interface GigabitEthernet 0/0/0
#在端口模式下启动IPv6功能
[AR1-GigabitEthernet0/0/0]ipv6 enable
#手动配置IPv6全球单播地址
[AR1-GigabitEthernet0/0/0]ipv6 address 1::1 64
#自动配置IPv6链路本地地址
[AR1-GigabitEthernet0/0/0]ipv6 address auto link-local
[AR1-GigabitEthernet0/0/0]quit
[AR1]
#配置GE0/0/1端口的IPv6地址
[AR1]interface GigabitEthernet 0/0/1
#在端口模式下启动IPv6功能
[AR1-GigabitEthernet0/0/1]ipv6 enable
#手动配置IPv6全球单播地址
[AR1-GigabitEthernet0/0/1]ipv6 address 3::1 64
#自动配置IPv6链路本地地址
[AR1-GigabitEthernet0/0/1]ipv6 address auto link-local
[AR1-GigabitEthernet0/0/1]quit
[AR1]
#查看端口的IPv6地址
[AR1]display ipv6 interface
#查看端口的IPv6地址简要信息
[AR1]display ipv6 interface brief
#查看指定端口的IPv6地址信息
[AR1]display ipv6 interface GigabitEthernet 0/0/0
[AR1]quit
```

```
<AR1>save
```

步骤3：配置路由器AR2的端口地址，并启动IPv6功能。

```
<Huawei>system-view
#修改路由器名称
[Huawei]sysname AR2
#在系统模式下启动IPv6功能
[AR2]ipv6
#配置GE0/0/0端口的IPv6地址
[AR2]interface GigabitEthernet 0/0/0
#在端口模式下启动IPv6功能
[AR2-GigabitEthernet0/0/0]ipv6 enable
#手动配置IPv6全球单播地址
[AR2-GigabitEthernet0/0/0]ipv6 address 1::2 64
#自动配置IPv6链路本地地址
[AR2-GigabitEthernet0/0/0]ipv6 address auto link-local
[AR2-GigabitEthernet0/0/0]quit
[AR2]
#配置GE0/0/1端口的IPv6地址
[AR2]interface GigabitEthernet 0/0/1
#在端口模式下启动IPv6功能
[AR2-GigabitEthernet0/0/1]ipv6 enable
#手动配置IPv6全球单播地址
[AR2-GigabitEthernet0/0/1]ipv6 address 2::1 64
#自动配置IPv6链路本地地址
[AR2-GigabitEthernet0/0/1]ipv6 address auto link-local
[AR2-GigabitEthernet0/0/1]quit
[AR2]
#配置GE0/0/2端口的IPv6地址
[AR2]interface GigabitEthernet 0/0/2
#在端口模式下启动IPv6功能
[AR2-GigabitEthernet0/0/2]ipv6 enable
#手动配置IPv6全球单播地址
```

```
[AR2-GigabitEthernet0/0/2]ipv6 address 4::1 64
#自动配置IPv6链路本地地址
[AR2-GigabitEthernet0/0/2]ipv6 address auto link-local
[AR2-GigabitEthernet0/0/2]quit
[AR2]
#查看端口的IPv6地址
[AR2]display ipv6 interface
#查看端口的IPv6地址简要信息
[AR2]display ipv6 interface brief
#查看指定端口的IPv6地址信息
[AR2]display ipv6 interface GigabitEthernet 0/0/0
[AR2]quit
<AR2>save
```

步骤4：配置路由器AR3的端口地址，并启动IPv6功能。

```
<Huawei>system-view
#修改路由器名称
[Huawei]sysname AR3
#在系统模式下启动IPv6功能
[AR3]ipv6
#配置GE0/0/0端口的IPv6地址
[AR3]interface GigabitEthernet 0/0/0
#在端口模式下启动IPv6功能
[AR3-GigabitEthernet0/0/0]ipv6 enable
#手动配置IPv6全球单播地址
[AR3-GigabitEthernet0/0/0]ipv6 address 3::2 64
#自动配置IPv6链路本地地址
[AR3-GigabitEthernet0/0/0]ipv6 address auto link-local
[AR3-GigabitEthernet0/0/0]quit
[AR3]
#配置GE0/0/1端口的IPv6地址
[AR3]interface GigabitEthernet 0/0/1
#在端口模式下启动IPv6功能
```

```
[AR3-GigabitEthernet0/0/1]ipv6 enable
#手动配置IPv6全球单播地址
[AR3-GigabitEthernet0/0/1]ipv6 address 2::2 64
#自动配置IPv6链路本地地址
[AR3-GigabitEthernet0/0/1]ipv6 address auto link-local
[AR3-GigabitEthernet0/0/1]quit
[AR3]
#配置GE0/0/2端口的IPv6地址
[AR3]interface GigabitEthernet 0/0/2
#在端口模式下启动IPv6功能
[AR3-GigabitEthernet0/0/2]ipv6 enable
#手动配置IPv6全球单播地址
[AR3-GigabitEthernet0/0/2]ipv6 address 5::1 64
#自动配置IPv6链路本地地址
[AR3-GigabitEthernet0/0/2]ipv6 address auto link-local
[AR3-GigabitEthernet0/0/2]quit
[AR3]
#查看端口的IPv6地址
[AR3]display ipv6 interface
#查看端口的IPv6地址简要信息
[AR3]display ipv6 interface brief
#查看指定端口的IPv6地址信息
[AR3]display ipv6 interface GigabitEthernet 0/0/0
```

步骤5：在PC1上测试到网关和PC2的连通性，经测试到PC2无法连通。

步骤6：配置默认路由和静态路由。分别在路由器AR2和AR3上配置默认路由，并测试PC1和PC2之间的连通性。

```
#在路由器AR2上配置默认路由
[AR2]ipv6 route-static :: 0  2::2
#在路由器AR3上配置默认路由
[AR3]ipv6 route-static :: 0  2::1
#在PC1上执行下面的命令
PC>ping 5::2
```

#在PC2上执行下面的命令

```
PC>ping 4::2
```

经测试二者之间可以相互ping通，然后配置静态路由，删除默认路由，再使用上面的ping命令测试PC1和PC2之间的连通性。

#在路由器AR2上配置到PC2所在IPv6网络的静态路由

```
[AR2]ipv6 route-static 5:: 64 2::2
```

#删除路由器AR2上的默认路由

```
[AR2]undo ipv6 route-static :: 0  2::2
```

#在路由器AR3上配置到PC1所在IPv6网络的静态路由

```
[AR3]ipv6 route-static 4:: 64 2::1
```

#删除路由器AR3上的默认路由

```
[AR3]undo ipv6 route-static :: 0  2::1
```

经测试二者之间可以相互ping通，然后在路由器AR2和AR3上分别删除静态路由，进行步骤7。

```
[AR2]undo ipv6 route-static 5:: 64 2::2
[AR3]undo ipv6 route-static 4:: 64 2::1
```

步骤7：配置路由器AR1、AR2和AR3的RIPng功能，特别要注意，连接PC1、PC2的两个路由器的端口也要配置RIPng。

#配置路由器AR1，启用RIPng功能

#创建ripng进程，进程号设置为1

```
[AR1]ripng 1
[AR1-ripng-1]quit
```

#连接路由器AR2的GE0/0/0端口启用ripng功能，在端口上使用undo ripng命令关闭ripng功能

```
[AR1]interface GigabitEthernet 0/0/0
[AR1-GigabitEthernet0/0/0]ripng 1 enable
[AR1-GigabitEthernet0/0/0]quit
```

#连接路由器AR3的GE0/0/1端口启用ripng功能

```
[AR1]interface GigabitEthernet 0/0/1
[AR1-GigabitEthernet0/0/1]ripng 1 enable
[AR1-GigabitEthernet0/0/1]quit
```

#查看路由器IPv6路由表

```
[AR1]display ipv6 routing-table
[AR1]display ipv6 routing-table protocol ripng
[AR1]quit
<AR1>save
#配置路由器AR2，启用RIPng功能
#创建ripng进程，进程号设置为1
[AR2]ripng 1
[AR2-ripng-1]quit
#连接路由器AR1的GE0/0/0端口启用ripng功能
[AR2]interface GigabitEthernet 0/0/0
[AR2-GigabitEthernet0/0/0]ripng 1 enable
[AR2-GigabitEthernet0/0/0]quit
#连接路由器AR3的GE0/0/1端口启用ripng功能
[AR2]interface GigabitEthernet 0/0/1
[AR2-GigabitEthernet0/0/1]ripng 1 enable
[AR2-GigabitEthernet0/0/1]quit
#连接PC1的GE0/0/2端口启用ripng功能
[AR2]interface GigabitEthernet 0/0/2
[AR2-GigabitEthernet0/0/2]ripng 1 enable
[AR2-GigabitEthernet0/0/2]quit
#查看路由器IPv6路由表
[AR2]display ipv6 routing-table
[AR2]display ipv6 routing-table protocol ripng
[AR2]quit
<AR2>save
#配置路由器AR3，启用RIPng功能
#创建ripng进程，进程号设置为1
[AR3]ripng 1
[AR3-ripng-1]quit
#连接路由器AR1的GE0/0/0端口启用ripng功能
[AR3]interface GigabitEthernet 0/0/0
[AR3-GigabitEthernet0/0/0]ripng 1 enable
```

```
[AR3-GigabitEthernet0/0/0]quit
#连接路由器AR2的GE0/0/1端口启用ripng功能
[AR3]interface GigabitEthernet 0/0/1
[AR3-GigabitEthernet0/0/1]ripng 1 enable
[AR3-GigabitEthernet0/0/1]quit
#连接PC2的GE0/0/2端口启用ripng功能
[AR2]interface GigabitEthernet 0/0/2
[AR2-GigabitEthernet0/0/2]ripng 1 enable
[AR2-GigabitEthernet0/0/2]quit
#查看路由器IPv6路由表
[AR3]display ipv6 routing-table
[AR3]display ipv6 routing-table protocol ripng
[AR3]quit
<AR3>save
```

步骤8：测试PC1和PC2之间的连通性。经测试两者之间可以相互ping通。

```
#在PC1上执行下面的命令
PC>ping 5::2
#在PC2上执行下面的命令
PC>ping 4::2
```

七、思考·动手

（1）在连接PC1的路由器AR2的GE0/0/2端口上使用undo ripng命令关闭ripng功能，然后使用ping命令测试PC1和PC2之间的连通性。

（2）在主机PC1上连续ping主机PC2，然后在路由器AR2的GE0/0/1端口上使用shutdown命令关闭端口，观察主机PC1与PC2的连通性变化，并使用tracert命令查看到主机PC2的路由变化。

（3）在路由器AR3的GE0/0/2端口上启用Wireshark网络抓包，分析ripng数据包，间隔多长时间就会抓到ripng的Response报文？使用哪个协议传输ripng报文？Response报文的源地址和目的地址分别是多少？源端口和目的端口分别是多少？Response报文的路由表条目有哪些？

实验19　IPv6 over IPv4隧道的配置

一、实验目的

（1）了解IPv4到IPv6的两种过渡技术。

（2）掌握手工配置IPv4隧道的方法。

（3）掌握同时配置IPv4和IPv6静态路由的方法。

二、实验设备及工具

华为AR3260路由器3台，PC2台。

三、实验原理（背景知识）

IPv4向IPv6网络过渡的过程中，IPv4的网络和业务将会在一段相当长的时间与IPv6共存，许多业务仍然要在IPv4网络上运行，很多IPv6的通信不得不在IPv4网络上传输，因此，过渡机制非常重要。IPv4向IPv6过渡的过程是渐进的、必然的，过渡时期会相当长，而且网络/终端设备需要同时支持IPv4和IPv6，最终的目标是使所有的业务功能都运行在IPv6的平台上。

IPv4到IPv6的过渡技术主要有两种：双协议栈和隧道技术。

双协议栈是指在网元中同时具有IPv4和IPv6两个协议栈，它既可以接收、处理IPv4的分组，也可以接收、处理IPv6的分组。对于主机来讲，“双协议栈”是指其可以根据需要来对业务产生的数据进行IPv4封装或者IPv6封装。对于路由器来讲，“双协议栈”是指在一个路由器设备中维护IPv4和IPv6两套路由协议栈，使得路由器既能与IPv4主机也能与IPv6主机通信，分别支持独立的IPv4和IPv6路由协议，IPv4和IPv6路由信息按照各自的路由协议进行计算，维护不同的路由表。

隧道技术是利用一种协议来传输另一种协议的封装技术。隧道包括隧道入口和隧道出口，这些隧道端点通常都是双栈节点。在隧道入口以一种协议的形式来对另外一种协议数据进行封装，并发送；在隧道出口对接收到的协议数据拆封，并做相应的处理。比如IPv6数据报要进入IPv4网络时，将IPv6数据报封装在IPv4的数据部分，IPv4数据报的源地址和目的地址分别是隧道入口和出口的IPv4地址。当IPv4数据报离开IPv4网络中的隧道出口时，再把IPv4数据报的数据部分（即原来的IPv6数据报）取出交给IPv6协议栈处理并转发给目的站点。隧道技术只要求在隧道的入口和出口处进行修改，对其他部分没有要求，因而非常容易实现。但是隧道技术不能实现IPv4主机与IPv6主机的直接通信。此外，要使双协议栈的主机知道IPv4数据报里面封装的是一个IPv6数据报，就必须把IPv4首部的协议字段的值设置为41，以此来明确表示数据报的数据部分是IPv6数据报。

四、实验任务及要求

如图19-1所示，路由器AR2通过IPv4网络将路由器AR1和AR3互连，PC1通过IPv6网络与路由器AR1互连，PC2通过IPv6网络与路由器AR3互连，请使用隧道技术实现两个IPv6网络互连互通，即实现PC1与PC2之间可以互连互通。

五、实验拓扑图

实验拓扑图如图19-1所示。

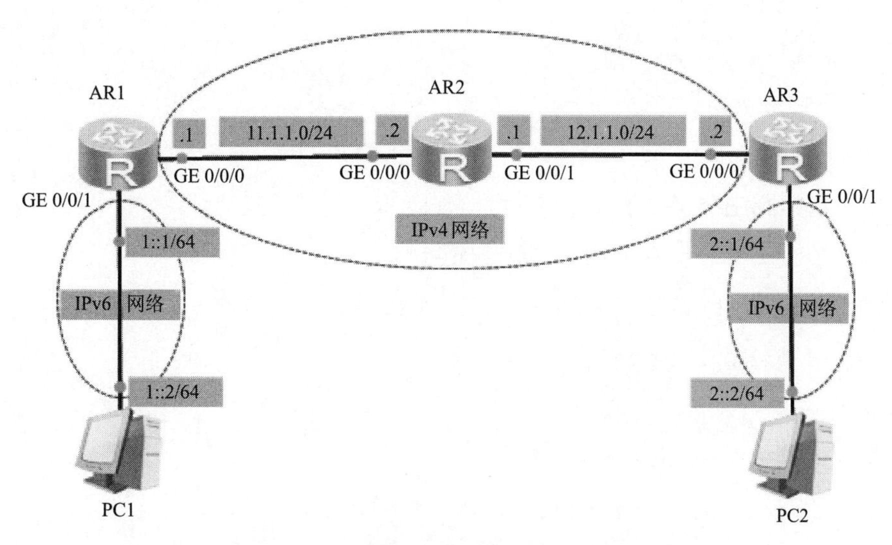

图19-1 配置IPv4隧道实现IPv6主机通信

六、实验步骤

步骤1：启动所有设备，见表19-1，为PC配置IPv6地址、前缀长度和网关。

表19-1　PC和路由器端口的IPv4/IPv6地址

名称	IPv4/IPv6地址	网关
PC1	1::2/64	1::1/64
PC2	2::2/64	2::1/64
路由器		
AR1:GE0/0/0	11.1.1.1/24	
AR1:GE0/0/1	1::1/64	
AR1:Tunnel0/0/1	2021::1/64 source GE0/0/0 destination 12.1.1.2	
AR2:GE0/0/0	11.1.1.2/24	
AR2:GE0/0/1	12.1.1.1/24	
AR3:GE0/0/0	12.1.1.2/24	
AR3:GE0/0/1	2::1/64	
AR3:Tunnel0/0/1	2021::2/64 source GE0/0/0 destination 11.1.1.1	

步骤2：配置路由器AR1的端口地址，并启用IPv6功能。

```
<Huawei>system-view
#设置路由器名称
[Huawei]sysname AR1
#启用IPv6功能
[AR1]ipv6
#配置连接路由器AR2的端口地址
[AR1]interface GigabitEthernet 0/0/0
[AR1-GigabitEthernet0/0/0]ip address 11.1.1.1 24
[AR1-GigabitEthernet0/0/0]quit
[AR1]
#配置连接PC1的端口的IPv6地址
[AR1]interface GigabitEthernet 0/0/1
[AR1-GigabitEthernet0/0/1]ipv6 enable
[AR1-GigabitEthernet0/0/1]ipv6 address 1::1 64
[AR1-GigabitEthernet0/0/1]ipv6 address auto link-local
[AR1-GigabitEthernet0/0/1]quit
```

```
[AR1]quit
<AR1>save
```

步骤3：配置路由器AR2的端口地址。

```
<Huawei>system-view
#设置路由器名称
[Huawei]sysname AR2
#配置连接路由器AR1的端口地址
[AR2]interface GigabitEthernet 0/0/0
[AR2-GigabitEthernet0/0/0]ip address 11.1.1.2 24
[AR2-GigabitEthernet0/0/0]quit
[AR2]
#配置连接路由器AR3的端口地址
[AR2]interface GigabitEthernet 0/0/1
[AR2-GigabitEthernet0/0/1]ip address 12.1.1.1 24
[AR2-GigabitEthernet0/0/1]quit
#查看端口的IP配置
[AR2]display ip interface
[AR2]display ip interface brief
[AR2]quit
<AR2>save
```

步骤4：配置路由器AR3的端口地址，并启用IPv6功能。

```
<Huawei>system-view
#设置路由器名称
[Huawei]sysname AR3
#启用IPv6功能
[AR3]ipv6
#配置连接路由器AR2的端口地址
[AR3]interface GigabitEthernet 0/0/0
[AR3-GigabitEthernet0/0/0]ip address 12.1.1.2 24
[AR3-GigabitEthernet0/0/0]quit
[AR3]
#配置连接PC2的端口的IPv6地址
```

```
[AR3]interface GigabitEthernet 0/0/1
[AR3-GigabitEthernet0/0/1]ipv6 enable
[AR3-GigabitEthernet0/0/1]ipv6 address 2::1 64
[AR3-GigabitEthernet0/0/1]ipv6 address auto link-local
[AR3-GigabitEthernet0/0/1]quit
#查看端口的IPv4配置
[AR3]display ip interface
[AR3]display ip interface brief
#查看端口的IPv6配置
[AR3]display ipv6 interface
[AR3]display ipv6 interface brief
[AR3]display ipv6 interface GigabitEthernet 0/0/1
[AR3]quit
<AR3>save
```

步骤5：分别在路由器AR1和路由器AR3上配置IPv4隧道。

```
#在路由器AR1上配置IPv4隧道端口
#配置隧道端口，隧道两端配置的端口编号可以不同
[AR1]interface Tunnel 0/0/1
#配置协议类型，IPv6 over IPv4 encapsulation
[AR1-Tunnel0/0/1]tunnel-protocol ipv6-ipv4
#启用IPv6功能
[AR1-Tunnel0/0/1]ipv6 enable
#配置隧道端口的IPv6地址
[AR1-Tunnel0/0/1]ipv6 address 2021::1 64
#配置隧道的源端口，也可以是IP地址形式
[AR1-Tunnel0/0/1]source GigabitEthernet 0/0/0
#配置隧道的目的地址
[AR1-Tunnel0/0/1]destination 12.1.1.2
#查看隧道端口的配置
[AR1-Tunnel0/0/1]display this
#查看隧道端口的IPv6配置
[AR1-Tunnel0/0/1]display this ipv6 interface
```

```
[AR1-Tunnel0/0/1]quit
#查看隧道端口的配置
[AR1]display interface  Tunnel
[AR1]quit
<AR1>save
#在路由器AR3上配置IPv4隧道端口
#配置隧道端口，隧道两端配置的端口编号可以不同
[AR3]interface Tunnel 0/0/1
#配置协议类型，IPv6 over IPv4 encapsulation
[AR3-Tunnel0/0/1]tunnel-protocol ipv6-ipv4
#启用IPv6功能
[AR3-Tunnel0/0/1]ipv6 enable
#配置隧道端口的IPv6地址
[AR3-Tunnel0/0/1]ipv6 address 2021::2 64
#配置隧道的源端口，也可以是IP地址形式
[AR3-Tunnel0/0/1]source GigabitEthernet 0/0/0
#配置隧道的目的地址
[AR3-Tunnel0/0/1]destination 11.1.1.1
#查看隧道端口的配置
[AR3-Tunnel0/0/1]display this
#查看隧道端口的IPv6配置
[AR3-Tunnel0/0/1]display this ipv6 interface
[AR3-Tunnel0/0/1]quit
#查看隧道端口的配置
[AR3]display interface  Tunnel
[AR3]display ipv6 interface
[AR3]quit
<AR3>save
```

步骤6：配置IPv4、IPv6静态路由。

```
#在路由器AR1上配置路由
#配置IPv4的默认路由
[AR1]ip route-static 0.0.0.0 0.0.0.0  11.1.1.2
```

```
#配置到PC2所在IPv6网络的静态路由
#下一跳可以是隧道端口，也可以是隧道端口对端的IPv6地址
[AR1]ipv6 route-static 2:: 64 Tunnel 0/0/1
[AR1]quit
<AR1>save
<AR1>
#在路由器AR3上配置路由
#配置IPv4的默认路由
[AR3]ip route-static 0.0.0.0 0.0.0.0  12.1.1.1
#配置到PC1所在IPv6网络的静态路由
#下一跳可以是隧道端口，也可以是隧道端口对端的IPv6地址
[AR3]ipv6 route-static 1:: 64 Tunnel 0/0/1
[AR3]undo ipv6 route-static 1:: 64 Tunnel0/0/1
#下一跳是路由器AR1上定义的隧道端口IPv6地址
[AR3]ipv6 route-static 1:: 64 2021::1
[AR3]quit
<AR3>save
```

步骤7：分别在PC1和PC2上执行ping的命令，测试PC1和PC2所在IPv6网络的连通性，经测试两者之间可以相互ping通。

七、思考·动手

（1）在路由器AR1的GE0/0/0端口上启用Wireshark网络抓包，在PC1上执行ping命令，查看抓取到的request数据包，分析在IPv4隧道上数据是如何封装的？IPv4数据报的源地址和目的地址分别是什么？IPv6数据报的源地址和目的地址分别是什么？IPv4报头中协议字段的值是多少？

（2）在路由器AR1的GE0/0/1端口上启用Wireshark网络抓包，在PC1上执行ping命令，查看抓取到的request数据包，IPv6数据报的源地址和目的地址分别是什么？源MAC地址和目的MAC地址分别是什么？目的MAC地址是使用什么协议获取到的？

（3）尝试使用本实验拓扑图，把原IPv4网络改造成IPv6网络，原IPv6网络改造成IPv4网络，使用IPv4 over IPv6隧道封装技术实现两个IPv4网络互连互通，即实现PC1与PC2之间互连互通。

实验20　路由器配置PPPoE实现宽带拨号上网

一、实验目的

（1）理解PPPoE协议的工作流程。

（2）理解PPPoE会话阶段各协议的作用。

（3）掌握PPPoE服务端的配置方法。

（4）掌握PPPoE客户端的配置方法。

二、实验设备及工具

华为AR3260路由器2台，PC1台。

三、实验原理（背景知识）

PPPoE（PPP over Ethernet）协议是在以太网络中传输PPP数据帧的协议，与传统的接入方式相比，PPPoE具有较高的性价比，它在家庭宽带应用中被广泛采用，目前流行的宽带接入方式ADSL就使用PPPoE协议。

PPPoE协议的工作流程包含发现和会话两个阶段。在发现（Discovery）阶段，客户机以广播方式寻找所连接的服务器，并获得服务器的以太网MAC地址。然后客户机发出连接请求，服务器确认所要建立的PPP会话ID（SESSION-ID）。发现阶段PPPoED协议有4个步骤，分别使用PADI（Active Discovery Initiation）、PADO（Active Discovery Offer）、PADR（Active Discovery Request）、PADS（Active Discovery Session-confirmation）来完成，当发现阶段完成，通信两端共同的SESSION-ID和以太网MAC地址Source_address、Destination_address一起唯一定义PPPoE会话。

发现阶段结束后，就进入标准的PPP会话阶段。客户机与服务器根据在发现阶段所协商的PPP会话连接参数进行PPP会话。

一旦PPPoE会话开始，传输的数据就可以用PPP协议封装发送。PPPoE会话开始后所有的以太网帧都是单播的，而且PPPoE会话的SESSION-ID一定不能改变，并且必须是发现阶段分配的值。PPPoED还有一个PADT（Active Discovery Terminate）分组，它可以在会话建立后的任何时候发送，来终止PPPoE会话，也就是释放会话。PPPoE会话阶段主要分为LCP协商阶段、CHAP认证阶段、IPCP协商阶段，在这些阶段顺利完成后，就可以进行后续的数据传输。

1. 链路控制协议LCP（Link Control Protocol）

LCP主要是协商链路使用的一些参数，如最大接收单元MRU（Maximun Receive Unit）、认证协议（Authentication Protocol）、认证使用的Magic Number。LCP协商主要分为ConfigurationRequest、ConfigurationAck、Termination Request、Termination Ack、Echo Request、Echo Reply。协商使用的SessionID就是发现阶段PADS获得的SessionID。一般而言，MRU和MTU取值相同，PPPoE的最大MTU不能超过1492。

2. 验证协议PAP和CHAP

验证阶段服务器端将验证客户端的合法性，最常见的两种就是PAP（Password Authentication Protocol）和CHAP（Challenge-Handshake Authentication Protocol）。

（1）PAP验证。PAP验证为两次握手验证，密码为明文。

PAP验证的过程如下：

①被验证方发送用户名和密码到验证方；

②验证方根据用户表查看是否有此用户以及密码是否正确，然后返回不同的响应。

注意：PAP不是一种安全的验证协议。当验证时，口令以明文方式在链路上发送，并且由于完成PPP链路建立后，被验证方会不停地在链路上反复发送用户名和口令，直到身份验证过程结束，所以不能防止攻击。

（2）CHAP验证。CHAP验证为三次握手验证，只在链路上明文传输用户名，因此，安全性比PAP高。

CHAP验证过程如下：

①Challenge：验证方主动发起验证请求，验证方向被验证方发送一些随机产生的报文；

②Response：若被验证方接到验证方的验证请求后，则被验证方利用收到的随机报文、该用户密码和MD5算法对该随机报文进行加密，将生成的密文和自己的用户名发回验证方；

③Result：验证方用自己保存的被验证方密码和MD5算法对原随机报文加密，比较二者的密文，根据比较结果返回不同的响应，若验证成功则返回肯定应答（Success），接受连接。否则验证失败，返回否定应答（Failure），拒绝连接。

若CHAP验证失败，则验证方重复发送Challenge请求，请求三次仍失败，则验证方终止请求，发送Termination Request，被验证方返回Termination Ack，终止CHAP验证过程，终止当前会话。

会话连接成功后，LCP为了维持网络连接、检测链路，在整个连接过程中，双方不定时向对方发送Echo Request，然后对方回复相应Identifier编号的Echo Reply，在交互过程中都会携带LCP协议中的Magic-Number参数值。

3. IPCP即IP控制协议（IP Control Protocol）

IPCP协议完成服务端给客户端分配地址的过程，进行IP地址、网关、DNS的协商，协商阶段主要有Configuration Request、Configuration Ack、Configuration Nak三种报文类型。IPCP阶段完成后就可以开始用户数据的传输。

4. PPPoE帧格式

对应前面介绍的PPPoE协议工作的两个阶段，PPPoE帧格式也包括两种类型：发现阶段，以太网帧中的类型字段值为0x8863；会话阶段，以太网帧中的类型字段值为0x8864。PPPoE帧结构如图20-1所示。

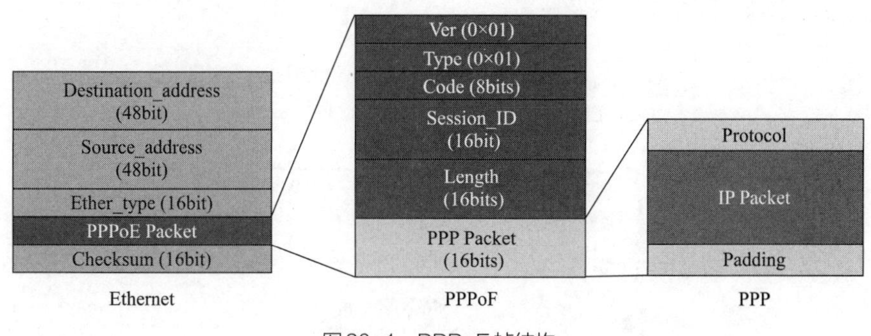

图20-1 PPPoE帧结构

各个字段解释如下：

Destination_address：以太网单播目的地址或者以太网广播地址（0xffffffff）。对于Discovery数据包来说，该域的值是广播或者单播地址，PPPoE Client寻找PPPoE Server的过程使用广播地址，确认PPPoE Server后使用单播地址。对于Session阶段来说，该域必须是Discovery阶段已确定的通信对方的单播地址。

Source_address：源设备的以太网MAC地址。

Ether_type：设置为0×8863（Discovery阶段或拆链阶段）或者0×8864（Session阶段）。

Ver：4bits，PPPoE版本号，值为0×1。Type域：4bits，PPPoE类型，值为0×1。

Code：8bits，PPPoE报文类型。Code域为0×00，表示会话数据；Code域为

0×09，表示PADI报文；Code域为0×07，表示PADO或PADT报文；Code域为0×19，表示PADR报文；Code域为0×65，表示PADS报文。

Session_ID：16bits，对于一个给定的PPP会话，该值是一个固定值，并且与以太网Source_address和Destination_address一起定义一个PPP会话。

Length：16bits，定义PPPoE的Payload域长度。不包括以太网头部和PPPoE头部的长度。

数据：有时也称净载荷域，在PPPoE的不同阶段该域内的数据内容会有很大的不同。在PPPoE的发现阶段时，该域内会填充一些Tag（标记），比如服务器的MAC地址；而在PPPoE的会话阶段，该域则携带的是标准的PPP点对点协议数据。

四、实验任务及要求

如图20-2所示，使用两台华为AR3260路由器配置PPPoE模拟实现宽带拨号上网。

五、实验拓扑图

实验拓扑图如图20-2所示。

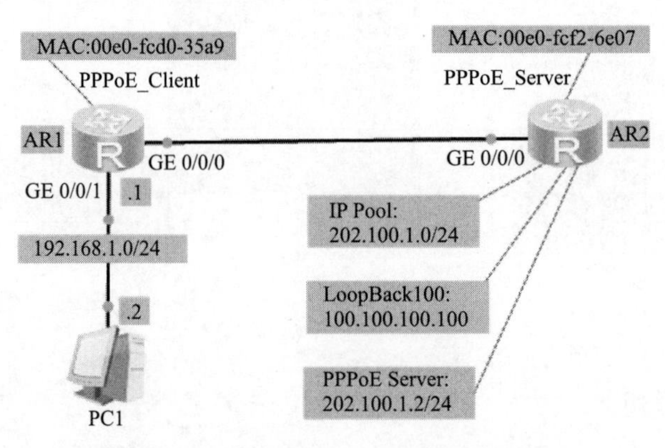

图20-2　路由器配置PPPoE实现宽带拨号上网

六、实验步骤

步骤1：启动所有设备，见表20-1，为PC配置IPv4地址、子网掩码和网关。

表20-1　PC和路由器端口等的IPv4地址

名称	IPv4地址	网关
PC1	192.168.1.2/24	192.168.1.1
路由器		

续表

名称	IPv4地址	网关
AR1:GE0/0/1	192.168.1.1/24	
AR1:Dialer 1	PPP协商方式获取	
AR2: Virtual-Template 1	202.100.1.2/ 24	
AR2: pool1	202.100.1.0/24	
AR2:LoopBack100	100.100.100.100/24	

步骤2：配置PPPoE服务端。

```
<Huawei>system-view
#修改路由器名称
[Huawei]sysname AR2
#在AAA下配置认证方案和创建用于认证的账号
#AAA是指认证（Authentication）、授权（Authorization）和计费（Accounting）
[AR2]aaa
[AR2-aaa]authentication-scheme system_a
[AR2-aaa-authen-system_a]domain system
[AR2-aaa-domain-system]authentication-scheme system_a
[AR2-aaa]local-user user1@system password cipher huawei123
[AR2-aaa]local-user user1@system service-type ppp
[AR2-aaa]quit
[AR2]
#配置地址池用来为客户端分配地址，在地址池中还可以配置网关、DNS
[AR2]ip pool pool1
#从最高的地址开始分配，所以第一个分配的地址是202.100.1.254
[AR2-ip-pool-pool1]network 202.100.1.0 mask 24
#该地址是PPPoE 服务器使用的地址，所以不分发
[AR2-ip-pool-pool1]excluded-ip-address 202.100.1.2
[AR2-ip-pool-pool1]quit
[AR2]
#配置认证虚模板（虚端口）
[AR2]interface Virtual-Template 1
```

```
[AR2-Virtual-Template1]remote address pool pool1
#配置PPPoE服务器地址
[AR2-Virtual-Template1]ip address 202.100.1.2 24
#配置认证模式
[AR2-Virtual-Template1]ppp authentication-mode chap domain system
[AR2-Virtual-Template1]quit
[AR2]
#端口上开启PPPoE服务器的功能
[AR2]interface GigabitEthernet 0/0/0
[AR2-GigabitEthernet0/0/0]pppoe-server bind virtual-template 1
[AR2-GigabitEthernet0/0/0]quit
[AR2]
#模拟公网地址
[AR2]interface LoopBack100
[AR2-LoopBack100]ip address 100.100.100.100 255.255.255.0
[AR2-LoopBack100]quit
[AR2]
#配置到客户端的默认路由，下一跳可以是虚端口，也可以是物理端口
[AR2]ip route-static 0.0.0.0 0.0.0.0 Virtual-Template1
#[AR2]ip route-static 0.0.0.0 0.0.0.0 GigabitEthernet 0/0/0
[AR2]quit
#查看地址池中分配给客户端IP地址的情况
<AR2>display ip pool name pool1
<AR2>display ip pool
#查看PPPoE-Server的当前会话
<AR2>display pppoe-server session all
<AR2>display pppoe-server session packet
#查看当前连接的用户（在线用户）
<AR2>display access-user
#查看本地用户
```

```
<AR2>display local-user
#查看路由表
<AR2>display ip routing-table
<AR2>save
```

步骤3：配置PPPoE客户端。

```
#修改路由器名称
[Huawei]sysname AR1
#配置连接PC1端口的IP地址
[AR1]interface GigabitEthernet 0/0/1
[AR1-GigabitEthernet0/0/1]ip address 192.168.1.1 24
[AR1-GigabitEthernet0/0/1]quit
[AR1]
#配置拨号规则
[AR1]dialer-rule
#允许IP流量触发拨号
[AR1-dialer-rule]dialer-rule 1 ip permit
[AR1-dialer-rule]quit
#配置拨号端口，编号1
[AR1]interface Dialer 1
#配置链路协议为PPP
[AR1-Dialer1]link-protocol ppp
#配置拨号端口地址，采用PPP协商方式获取，即通过服务器的地址池分配
[AR1-Dialer1]ip address ppp-negotiate
#账号与密码必须与服务端配置的账号密码一致
#配置被认证方的CHAP账号
[AR1-Dialer1]ppp chap user user1@system
#配置CHAP密码
[AR1-Dialer1]ppp chap password simple huawei123
#修改MTU为1500-8=1492 ，1500是以太网最大传输单元，8是PPP头部长度
[AR1-Dialer1]mtu 1492
#配置拨号用户
[AR1-Dialer1]dialer user user1@system
```

```
#配置拨号捆绑的编号1，编号要和下面端口的的配置对应
[AR1-Dialer1]dialer bundle 1
[AR1-Dialer1]quit
[AR1]
#将PPPoE拨号端口绑定到端口GE 0/0/0
[AR1]interface GigabitEthernet 0/0/0
[AR1-GigabitEthernet0/0/0]pppoe-client dial-bundle-number 1
[AR1-GigabitEthernet0/0/0]quit
#配置用于上网的默认路由，注意出口是拨号端口Dialer1
ip route-static 0.0.0.0 0.0.0.0 Dialer1
#配置ACL，允许内网的所有地址
[AR1]acl 2000
[AR1-acl-basic-2000]rule permit source any
[AR1-acl-basic-2000]quit
[AR1]int Dialer 1
#将ACL绑定到拨号端口，做NAT地址转换
[AR1-Dialer1]nat outbound 2000
[AR1-Dialer1]quit
[AR1]quit
<AR1>save
#查看端口的IP地址
<AR1>display ip interface
<AR1>display ip interface brief
#查看客户端的MAC地址，在服务器端也可以查到登录用户及其MAC
<AR1>display bridge mac-address
# 查看PPPoE客户端会话的情况
<AR1>display pppoe-client session summary
<AR1>display pppoe-client session packet
#查看当前连接的用户（在线用户）
<AR1>display access-user
#查看本地用户
<AR1>display local-user
```

步骤4：在路由器AR1（客户端）和PC1上分别测试PPPoE用户认证连接。分别在路由器AR1和PC1上测试到LoopBack100的连通性，经测试两者可以连通，如图20-3所示。

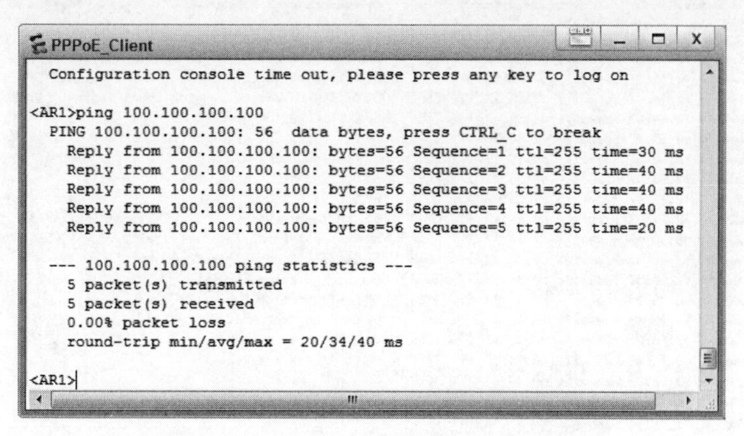

图20-3 测试PPPoE客户端到服务端的连通性

#在路由器AR1上测试到路由器AR2的LoopBack100地址的连通性

[AR1]ping 100.100.100.100

#在PC1上测试到路由器AR2的LoopBack100地址的连通性

PC> ping 100.100.100.100

#修改服务端用户密码huawei123为huawei

[AR2]aaa

[AR2-aaa]local-user user1@system password cipher huawei

#关闭端口，然后重启端口，使链路重新协商

[AR2]interface GigabitEthernet 0/0/0

[AR2-GigabitEthernet0/0/0]shutdown

[AR2-GigabitEthernet0/0/0]undo shutdown

[AR2-GigabitEthernet0/0/0]quit

#在PC1上重新测试到服务端的连通性，经测试因拨号账号不一致导致无法连通

PC>ping 100.100.100.100

#恢复服务端用户密码为huawei123

[AR2]aaa

[AR2-aaa]local-user user1@system password cipher huawei123

步骤5：在路由器AR2的GE0/0/0端口上启用Wireshark网络抓包，在路由器AR1的GE0/0/0端口上再次关闭重启，使链路重新协商。分析PPP协议的各类数据包：PPPoED、LCP、CHAP、IPCP、LCP，抓包如图20-4~图20-6所示。

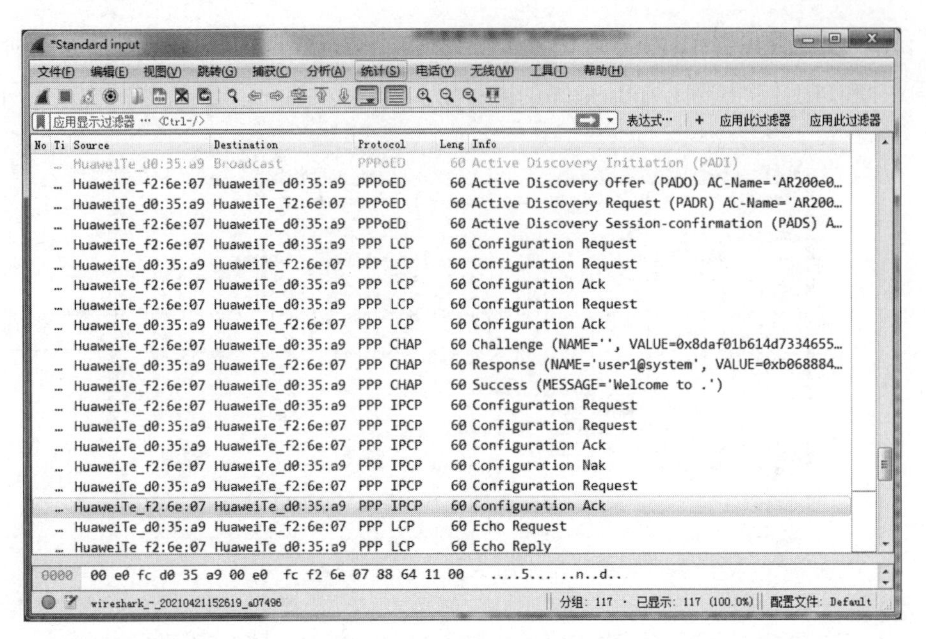

图20-4　PPPoE协议抓包

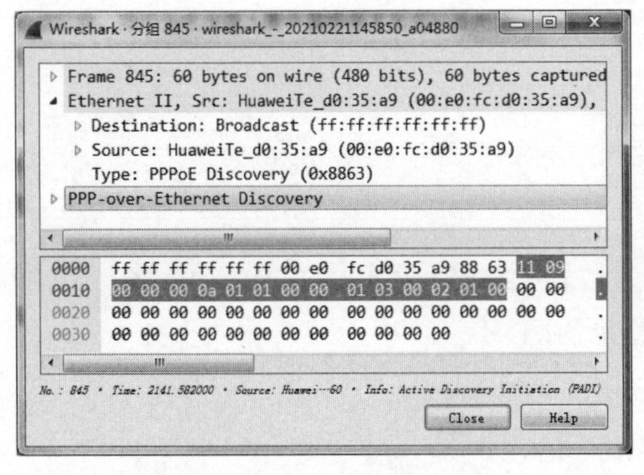

图20-5　PPPoE协议发现阶段

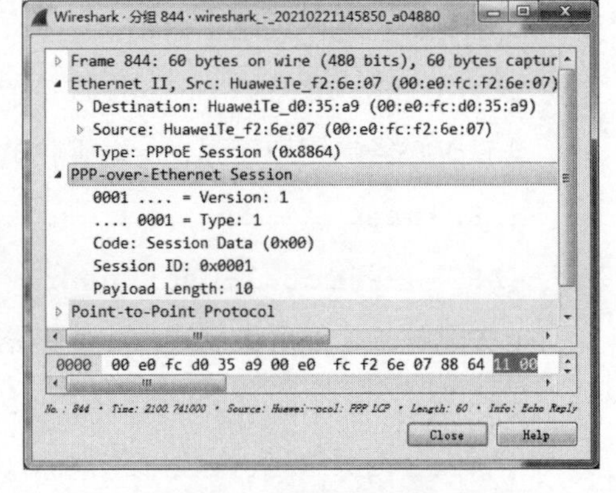

图20-6　PPPoE协议会话阶段

七、思考·动手

（1）在路由器AR1的GE0/0/0端口启用Wireshark网络抓包，能抓取到PPP协议的哪些类型数据包？这些数据包是如何封装的？Ether_type、Session_ID分别是什么？

（2）分别在路由器AR1的GE0/0/0和GE0/0/1端口启用Wireshark网络抓包，在PC1上ping路由器AR2的LoopBack100地址，然后查看抓取到的ICMP数据包，其源地址和目的地址分别是什么？两个端口上抓取到的数据包的IP地址一样吗？

实验21　TCP连接的建立与释放

一、实验目的

（1）了解TCP协议的报文结构及特点。

（2）掌握TCP连接建立的三次握手过程。

（3）掌握TCP连接释放的四次握手过程。

二、实验设备及工具

华为S5700交换机1台，客户端1台，服务器1台。

三、实验原理（背景知识）

TCP连接建立需要三步骤，即三次握手，下面简要说明其过程，假设A为Client，B为Server，如图21-1所示。

第一步好理解，A发送数据包X给B。但是注意：A发送数据包X后，B究竟收到否，A不知道此事，这是个疑问。

第二步解决了第一步的疑问，当A收到B发送的“回执Y”后，A已知道：B收到了A刚才发送的数据包X。但是注意：B现在还不知道它刚才发的“回执Y”，A是否收到，B不知道此事，这是第二个疑问。

第三步解决了第二个疑问，当B收到A的“回执确认Y+1”后，B知道了：自己刚才发出去的“回执Y”，A也收到。此时，双方都知晓数据包X肯定发送成功了，对方都能相互确认此事完成，即A已知道B收到了数据包X；B收到了数据包，并且也确认它给A的“回执Y”，A也收到，双方都能相互确认。

TCP连接的建立为什么要三次握手，而不能二次握手？

谢希仁版《计算机网络》中的答案是这样的，主要是为了防止“已失效的连接请求报文段”突然又传送到了Server，因而产生错误。所谓“已失效的连接请求报文段”

产生在这样一种情况下：

Client发出的第一个连接请求报文段并没有丢失，而是在某个网络结点长时间滞留，以致延误到连接释放以后的某个时间才到达Server。本来这是一个早已失效的报文段，但Server收到此失效的连接请求报文段后，就误认为是Client再次发出的一个新的连接请求。于是，就向Client发出确认报文段，同意建立连接。

假设不采用“三次握手”，那么只要Server发出确认，Server端新的Socket连接就建立了。但是，由于现在的Client并没有真正发出建立连接的请求，因此不会理睬Server的确认，也不会向Server发送数据包。

但Server却以为新的传输连接已经建立，并一直等待Client发来数据。这样，Server的很多资源就浪费了。

然而，若采用“三次握手”则可以防止上述现象发生。比如刚才那种情况，Client不会向Server的确认报文Y发出确认。Server由于收不到报文Y的确认，就知道Client并没有要求建立连接，因此Server也就无法建立连接，当然也不会为其分配资源，可见，通过三次握手完全可以消除误会。

释放TCP连接进行的四次握手。

Client和Server通过三次握手建立了TCP连接以后就可以数据传送，当数据传送完毕，需要断开TCP连接，“四次握手”过程如图21-1所示：

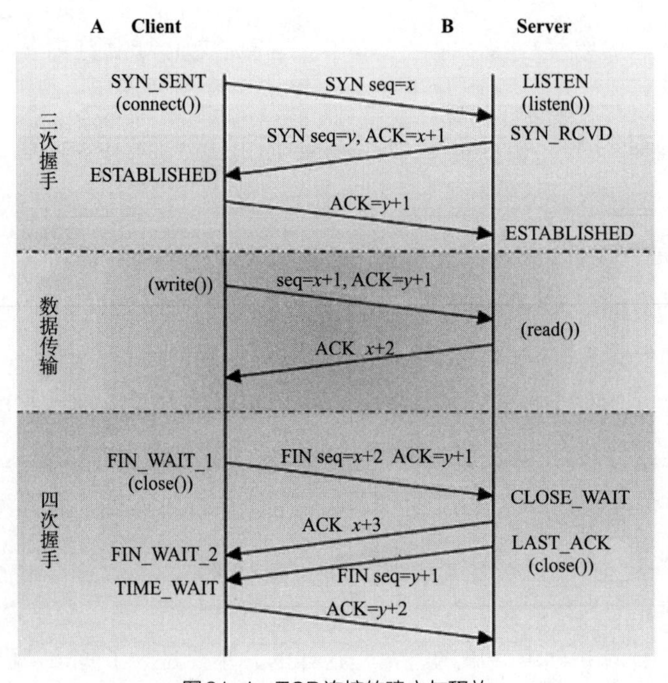

图21-1 TCP连接的建立与释放

第一次握手：主机1（可以是Client端，也可以是Server端，假设Client端要主动释放连接），设置Sequence Number和Acknowledgment Number，向主机2发送一个FIN=1报文段；此时，主机1进入FIN_WAIT_1状态；这表示主机1没有数据要发送给主机2了，现请求释放连接（关闭连接）；

第二次握手：主机2收到了主机1发送的FIN=1 报文段，向主机1回一个ACK报文段，Acknowledgment Number为主机1的Sequence Number加1；主机2告诉主机1，我“知道了”你的关闭请求，进入ClOSE_WAIT状态；主机1进入FIN_WAIT_2状态；

第三次握手：主机2向主机1发送FIN=1 报文段，请求关闭连接，同时主机2进入LAST_ACK状态；

第四次握手：主机1收到主机2发送的FIN=1 报文段，向主机2发送ACK报文段，同意关闭连接，然后主机1进入TIME_WAIT状态；主机2收到主机1的ACK报文段以后，就关闭连接；此时，主机1等待2MSL后依然没有收到回复，则证明Server端已正常关闭，那好，主机1也可以关闭连接了。至此，TCP连接释放的四次握手就完成。

为什么非要四次握手?

TCP协议是一种面向连接的、可靠的、基于字节流的传输层通信协议。TCP是全双工模式，为了释放一个连接，任何一方都可以发送一个设置了FIN 位的TCP 报文段，这表示它已经没有数据要发送了。当FIN 数据报文被确认后，这个方向上就停止发送数据了。然而，另一个方向上可能还在继续传输数据。当两个方向都停止发送数据时，TCP连接才被真正释放。

或者说，当主机1发出FIN报文段时，只是表示主机1已经没有数据要发送了，主机1告诉主机2，它的数据已经全部发送完毕了；但是，这个时候主机1还是可以接收来自主机2的数据；当主机2返回ACK报文段时，表示它已经知道主机1没有数据发送了，但是主机2还是可以发送数据到主机1的。

当主机2也发送了FIN报文段时，这个时候就表示主机2也没有数据要发送了，就会告诉主机1，我也没有数据要发送了，之后彼此就会愉快的中断这次TCP连接。

如果要正确的理解四次握手的原理，还需要了解四次握手过程中的状态变化。本书在此不再赘述，请读者详细查阅资料研究。

四、实验任务及要求

如图21-2所示，一台S5700交换机分别连接一台服务器、一台客户端。在服务器上启动HttpServer服务，允许客户端使用IP地址访问WEB服务器，请分析TCP报文结构和TCP连接的建立和释放过程。

五、实验拓扑图

实验拓扑图如图21-2所示。

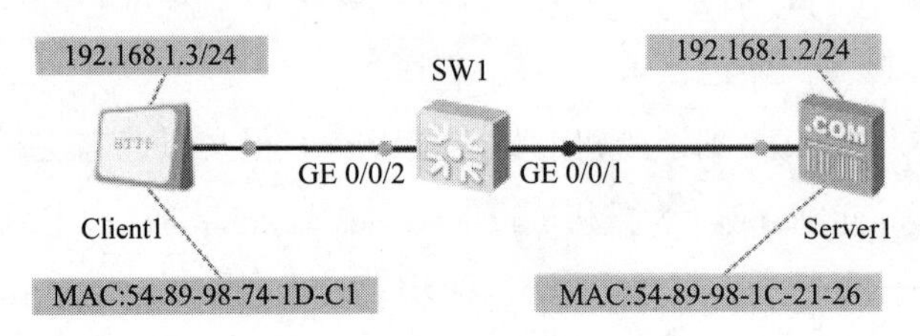

图21-2 TCP连接的建立与释放

六、实验步骤

步骤1：启动所有设备，见表21-1，为服务器、客户端配置IPv4地址、子网掩码。

表21-1 Client和Server的IPv4地址

名称	IPv4地址	网关
Server1	192.168.1.2/24	—
Client1	192.168.1.3/24	—

步骤2：创建简单的index.html文件，文件脚本如下。配置服务器，启动HttpServer服务，如图21-3所示。

```
<html>
<head>
<meta http-equiv=”Content-Type” content=”text/html;charset=utf-8”>
</head>
<body>
this is a test page!
</body>
<html>
```

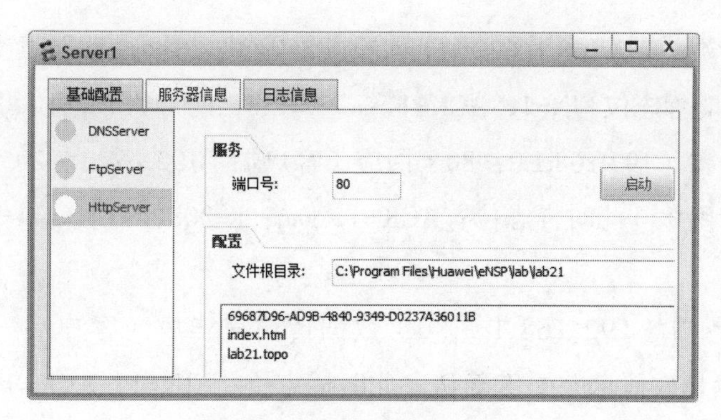

图21-3 启动HttpServer服务

步骤3：在Client1客户端访问HttpServer服务器，产生TCP协议数据包。在交换机SW1的GE0/0/1端口启用Wireshark网络抓包，然后在客户端以http://192.168.1.2访问HttpServer服务器，单击“获取“按钮后Client1将显示HttpServer服务器返回的HTTP响应，如图21-4所示。

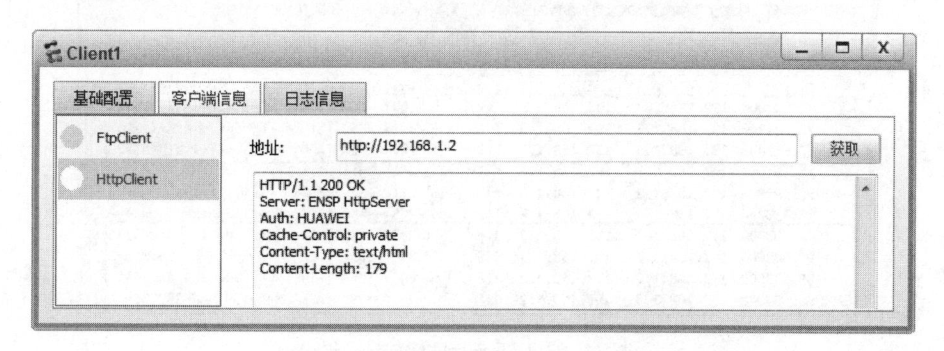

图21-4 在客户端访问HttpServer服务器

步骤4：分析TCP连接的建立过程。分别查看三次握手的报文，如图21-5所示，重点关注TCP协议的源端口、目的端口、序号、确认序号、SYN标志、ACK标志。

No72：客户端（192.168.1.3:2054）向服务器（192.168.1.2:80）发出连接建立请求。此时标志位SYN=1，seq:x=0，此为TCP的第一次握手；

No73：服务器（192.168.1.2：80）回应了客户端（192.168.1.3:2054）的请求，并要求确认。此时标志位：SYN=1，ACK=1，seq：y=0，ACK=x+1=1，此为TCP的第二次握手；

No74：客户端（192.168.1.3：2054）回应了服务器（192.168.1.2:80）的确认，连接成功。此时标志位：ACK=1，seq：x+1=1，ACK=y+1=1，此为TCP的第三次握手。

步骤5：分析TCP连接的释放过程。分别查看四次握手的报文，如图21-5所示，重点关注TCP协议的源端口、目的端口、序号、确认序号、FIN标志、ACK标志。

No79：客户端（192.168.1.3:2054）向服务器（192.168.1.2:80）发出连接释放请求并要求确认。此时标志位FIN=1，ACK=1，seq:x=158，此为TCP的第一次握手；

No80：服务器（192.168.1.2：80）回应了客户端（192.168.1.3:2054）的连接释放的请求，并要求确认。此时标志位：ACK=1，seq：y=308，ACK=x+1=159，此为TCP的第二次握手；

No81：服务器（192.168.1.2:80）数据传输完毕后向客户端（192.168.1.3：2054）发出连接释放请求并要求确认。此时标志位：FIN=1，ACK=1，seq：y=308，ACK=x+1=159。此为TCP的第三次握手；

No82：客户端（192.168.1.3：2054）回应了服务器（192.168.1.2:80）的确认，等待2MSL时间后释放连接。此时标志位：ACK=1，seq：x+1=159，ACK=y+1=309。服务器收到客户端的确认后释放连接，此为TCP的第四次握手。

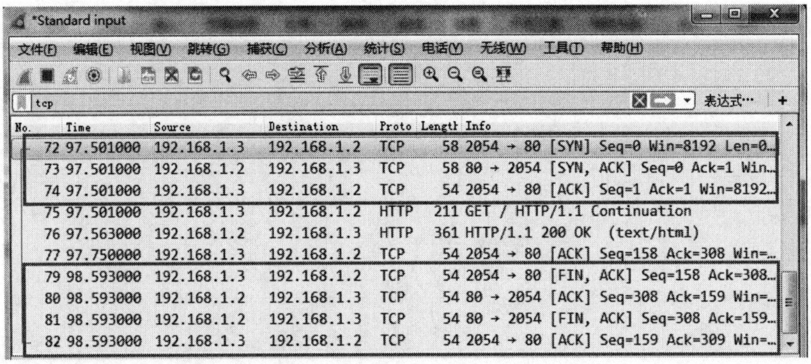

No.	Time	Source	Destination	Proto	Length	Info
72	97.501000	192.168.1.3	192.168.1.2	TCP	58	2054 → 80 [SYN] Seq=0 Win=8192 Len=0…
73	97.501000	192.168.1.2	192.168.1.3	TCP	58	80 → 2054 [SYN, ACK] Seq=0 Ack=1 Win…
74	97.501000	192.168.1.3	192.168.1.2	TCP	54	2054 → 80 [ACK] Seq=1 Ack=1 Win=8192…
75	97.501000	192.168.1.3	192.168.1.2	HTTP	211	GET / HTTP/1.1 Continuation
76	97.563000	192.168.1.2	192.168.1.3	HTTP	361	HTTP/1.1 200 OK (text/html)
77	97.750000	192.168.1.3	192.168.1.2	TCP	54	2054 → 80 [ACK] Seq=158 Ack=308 Win=…
79	98.593000	192.168.1.3	192.168.1.2	TCP	54	2054 → 80 [FIN, ACK] Seq=158 Ack=308…
80	98.593000	192.168.1.2	192.168.1.3	TCP	54	80 → 2054 [ACK] Seq=308 Ack=159 Win=…
81	98.593000	192.168.1.2	192.168.1.3	TCP	54	80 → 2054 [FIN, ACK] Seq=308 Ack=159…
82	98.593000	192.168.1.3	192.168.1.2	TCP	54	2054 → 80 [ACK] Seq=159 Ack=309 Win=…

图21-5　TCP连接的建立与释放

七、思考·动手

（1）TCP建立连接为什么非要进行三次握手，而不能两次握手？

（2）TCP释放连接为什么非要进行四次握手？

（3）TCP释放连接时为什么在time_wait状态必须等待2MSL时间？

实验22　Web服务器的配置与HTTP协议分析

一、实验目的

（1）掌握HTTP协议工作过程。

（2）掌握HTTP协议报文类型及结构。

二、实验设备及工具

华为S5700交换机1台，客户端1台，服务器1台。

三、实验原理（背景知识）

超文本传输协议HTTP（HyperText Transfer Protocol）是基于TCP/IP协议之上的Web浏览器和Web服务器之间的应用层协议，是一个标准的客户端/服务器模型。

1. HTTP协议的工作过程的步骤

（1）建立TCP连接。首先客户端（Web浏览器）与Web服务器建立一个称为Socket套接字的TCP连接。

（2）发送HTTP请求报文。建立连接后，客户端通过Socket发送一个HTTP请求报文给服务器。HTTP的请求一般是GET或POST命令。HTTP的请求使用统一资源标识URI（Uniform Resource Identifier）获取服务器上的资源。URI的一般形式由四个部分组成：<协议>://<主机>:<端口>/<路径>，协议指出使用什么协议来获取文件；主机部分可以是域名也可以是IP地址；HTTP协议使用默认80端口，可以省略；后面的路径指出在服务器上要获取文件的路径和文件名。

（3）返回HTTP响应报文。服务器接到请求后，进行事务处理，处理结果又通过HTTP响应报文返回给客户端。

（4）释放TCP连接。客户端接收服务器所返回的响应报文，然后客户端与服务器释放TCP连接。

2. HTTP报文分类

HTTP报文有两类：请求报文和响应报文。两者都是由四部分组成，两种报文只有开始行不同，在请求报文中的开始行称为请求行，在响应报文中的开始行称为状态行。

（1）一个HTTP请求报文由以下4部分组成：

[请求行]请求方法+空格+统一资源标识符（URI）+空格+HTTP版本+ CR LF；

[首部行]字段名：值+ CR LF；

[空行]回车符（CR）+换行符（LF）；

[请求数据]由用户自定义添加，若方法字段是GET，则此项为空，没有数据；若方法字段是POST，则通常放置的是要提交的数据。

请求行由三部分组成：请求方法、请求URI、HTTP协议版本，它们用空格分隔。请求方法比较多，常见的有：GET、POST方法等，其中POST用于表单FORM的参数传递。

首部行也称为请求头部，由关键字/值对组成，每行一对，常见的请求字段含义如下：

Accept：浏览器可接受的MIME类型。

Accept-Charset：浏览器可接受的字符集。

Accept-Encoding：浏览器能够进行解码的数据编码方式。

Accept-Language：浏览器所希望的语言种类。

Content-Type：发送的实体数据的数据类型。比如，Content-Type：text/html表示发送的是html类型；text/xml表示xml数据；text/css表示CSS格式；image/jpeg表示jpg图片格式。

Connection：处理完这次请求后是断开连接还是继续保持连接。

Content-Length：表示请求消息正文的长度。

Host：请求的主机名。

User-Agent：产生请求的浏览器类型。

（2）一个HTTP响应报文也是由4部分组成，只是第一行不同，第一行称为状态行，状态行也由三部分组成：HTTP协议版本、状态码、状态码的文本描述。其中状态码：由3位数字组成，第一个数字定义了响应的类别：

1xx：表示通知信息，表示请求已接受，继续处理。

2xx：成功，表示请求已被成功接受、处理。

3xx：表示重定向。

4xx：表示客户端错误。

5xx：表示服务器端错误，服务器未能实现合法的请求。

下面三种状态行在响应报文中经常见到：

HTTP/1.1 200 OK：客户端请求成功

HTTP/1.1 400 Bad Request：错误的请求

HTTP/1.1 404 Not Found：请求资源不存在

四、实验任务及要求

如图22-1所示，一台S5700交换机分别连接了一台Client1客户端和一台Server1服务器。请配置客户端和服务器，使用Wireshark抓包工具分析Client1在访问HttpServer时产生的HTTP报文及HTTP协议的工作过程。

五、实验拓扑图

实验拓扑图如图22-1所示。

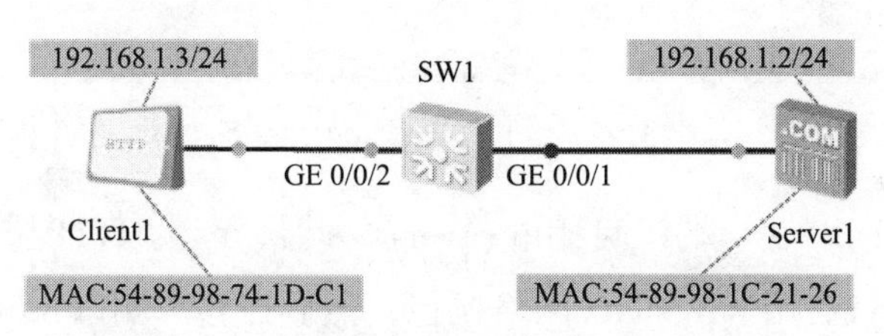

图22-1　Web服务器的配置与HTTP协议分析

六、实验步骤

步骤1：启动所有设备，见表22-1，为服务器、客户端配置IPv4地址、子网掩码。

表22-1　Client和Server的IPv4地址

名称	IPv4地址	网关
Server1	192.168.1.2/24	—
Client1	192.168.1.3/24	—

步骤2：创建简单的index.html文件，文件脚本如下。配置服务器，启动HttpServer服务，如图22-2所示。

```
<html>
```

```
<head>
<meta http-equiv="Content-Type" content="text/html;
charset=utf-8">
</head>
<body>
this is a test page!
</body>
<html>
```

图22-2　启动HttpServer服务

步骤3：在Client1客户端访问HttpServer服务器，产生HTTP协议数据。在交换机SW1的GE0/0/1端口启用Wireshark网络抓包，然后在客户端以http://192.168.1.2访问HttpServer服务器，单击“获取“按钮后，Client1将显示HttpServer服务器返回的HTTP响应，如图22-3所示。

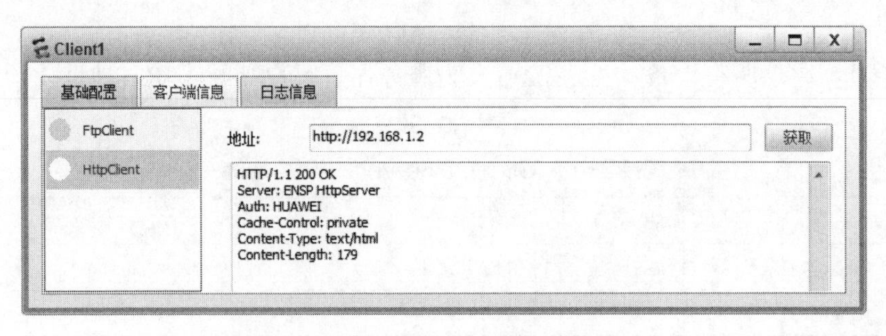

图22-3　在客户端访问HttpServer服务器

步骤4：分析HTTP请求报文。如图22-4所示，HTTP请求报文的请求行为GET /test/index.html　HTTP/1.1\r\n，由三部分组成：请求方法使用GET方法；URI使用相对URL即/test/index.html；协议版本为HTTP/1.1。

首部行有若干字段：

Accept-Language：zh-cn表示浏览器所希望的语言为中文；

User-Agent：Mozilla/4.0表示产生请求的浏览器为Mozilla/4.0；

Accept-Encoding：gzip表示浏览器能够使用gzip进行解码；

Host：192.168.1.2表示请求的主机为192.168.1.2；

Connection：Keep-Alive表示处理完这次请求后继续保持连接。

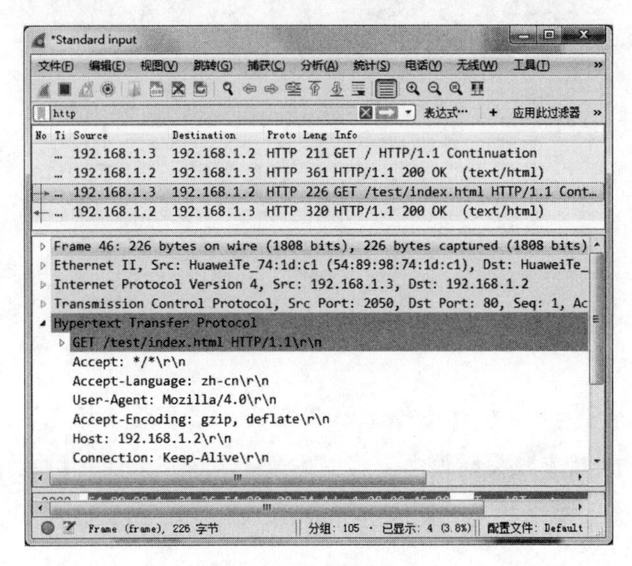

图22-4　HTTP请求报文

步骤5：分析HTTP响应报文。如图22-5所示，HTTP响应报文的状态行为HTTP/1.1 200 OK\r\n，由三部分组成：协议版本为HTTP/1.1；状态码为200，表示客户端请求成功；OK为状态描述符。

首部行有若干字段：

Server：ENSP HttpServer表示服务端所使用的Web服务名称为ENSP HttpServer；

Auth：HUAWEI表示Web认证信息为HUAWEI；

Cache-Control：private表示控制缓存行为；

Content-Type：text/html表示发送的内容是html类型；

Content-Length：138表示响应消息正文的长度为138字节。

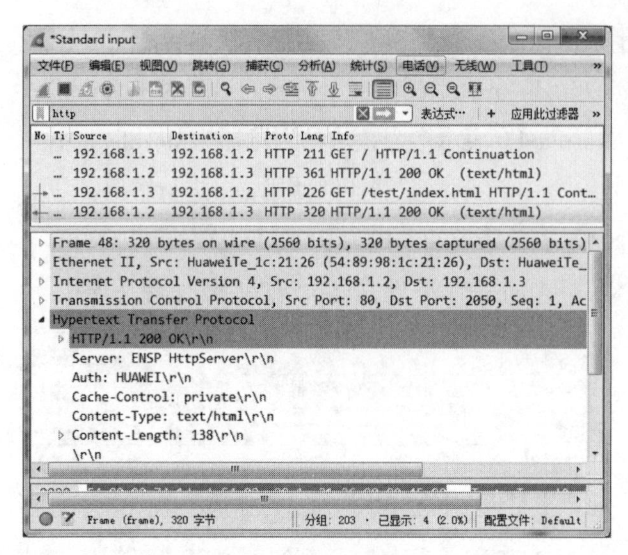

图22-5 HTTP响应报文

七、思考·动手

（1）在自己计算机的本地连接上启用Wireshark网络抓包，在过滤器中输入HTTP，分析HTTP请求报文的内容。特别关注一下请求方法是POST的请求报文，在网页上输入用户名、密码时，如果不使用https，那么就可以通过抓包获取账号的明文信息。

（2）在自己计算机的本地连接上启用Wireshark网络抓包，在过滤器中输入HTTP，分析HTTP响应报文的内容。

实验23　FTP服务器的配置与FTP协议分析

一、实验目的

（1）理解FTP协议工作原理。

（2）理解FTP协议上传和下载文件的过程。

（3）掌握FTP协议的两种模式。

二、实验设备及工具

华为S5700交换机1台，客户端1台，服务器1台。

三、实验原理（背景知识）

文件传输协议FTP（File Transfer Protocol）是基于TCP/IP协议之上的应用层协议，它的工作原理不同于WEB应用，它分为控制通道和数据通道两部分。控制通道用于发送FTP命令和信息，数据通道才真正用于传送数据。控制通道是由Client客户端向服务器端21号端口发起，并建立TCP连接。数据通道的建立则分为两种情况：

1. Port模式（连接由Server端向Client端发起）

Client端通过Port命令将连接端口通知Server端，同时Client端将在该端口监听，由Server端向Client端发起TCP连接，连接的源端口为20，目的端口在 Client的port命令中指定。

2. Passive模式（连接由Client端向Server端发起）

Client端发出PASV命令，Server端从自己的空闲端口中找出一个端口号来给予回应，同时在该端口上监听连接请求，由Client端向服务器端发起TCP连接。两种模式下的监听端口号都在控制通道中传送，其中还包括了监听端口所在的主机IP地址。

总之，主动模式的FTP是指服务器主动连接客户端的数据端口，被动模式的FTP是指服务器被动地等待客户端连接自己的数据端口。

四、实验任务及要求

如图23-1所示，一台S5700交换机分别连接了一台Client1客户端和一台Server1服务器。请配置客户端和服务器，使用Wireshark抓包工具分析Client1在访问FtpServer时产生的FTP报文及FTP两种工作模式。

五、实验拓扑图

实验拓扑图如图23-1所示。

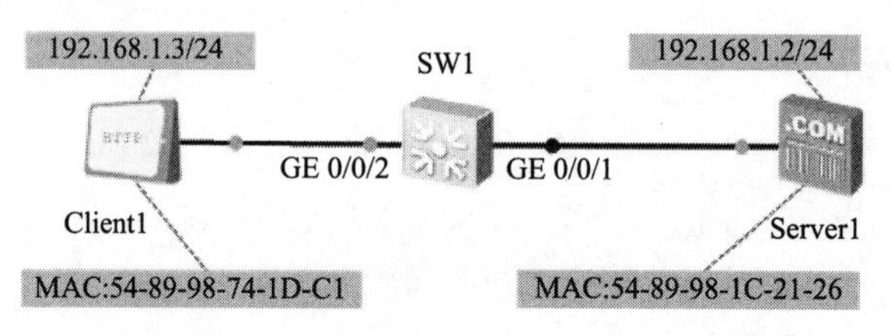

图23-1　FTP服务器的配置与FTP协议分析

六、实验步骤

步骤1：启动所有设备，见表23-1，为服务器、客户端配置IPv4地址、子网掩码。

表23-1　Client和Server的IPv4地址

名称	IPv4地址	网关
Server1	192.168.1.2/24	—
Client1	192.168.1.3/24	—

步骤2：配置服务器，启动FtpServer服务，如图23-2所示。

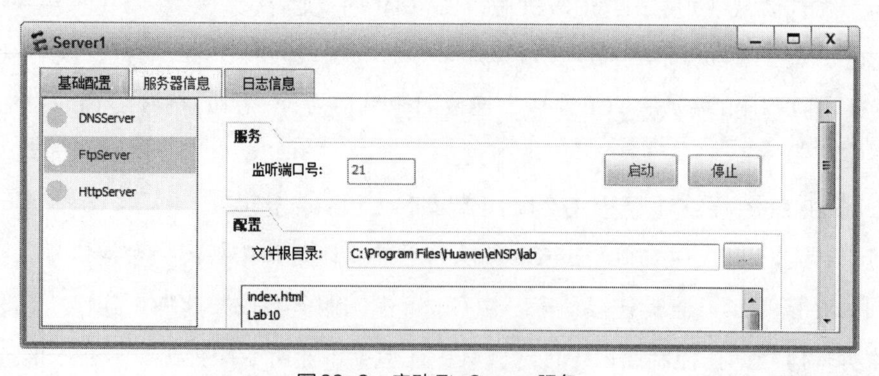

图23-2　启动FtpServer服务

步骤3：在Client1客户端访问FtpServer服务器，产生FTP协议数据。在交换机

SW1的GE0/0/1端口启用Wireshark网络抓包，设置过滤器为ftp or tcp，然后在客户端输入服务器地址192.168.1.2，端口号、用户名和密码使用默认值，单击“登录”按钮连接FtpServer服务器，登录后在客户端的“服务器文件列表”栏显示FtpServer服务器返回的目录和文件，如图23-3所示。

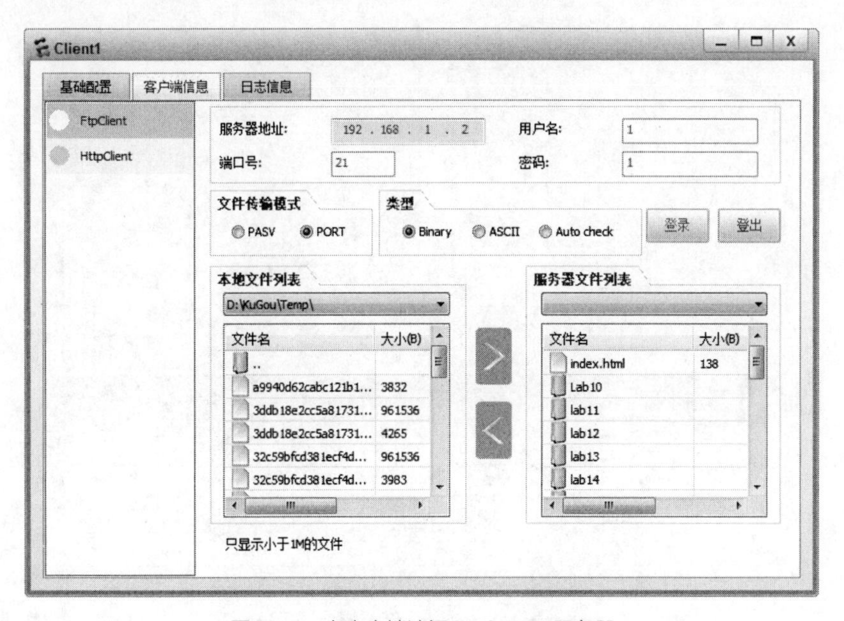

图23-3　在客户端访问FtpServer服务器

步骤4：选择被动模式，执行FTP登录、上传、下载文件操作，分析FTP请求报文和响应报文，查看源地址、目的地址、源端口和目的端口的变化情况，如图23-4、图23-5所示。

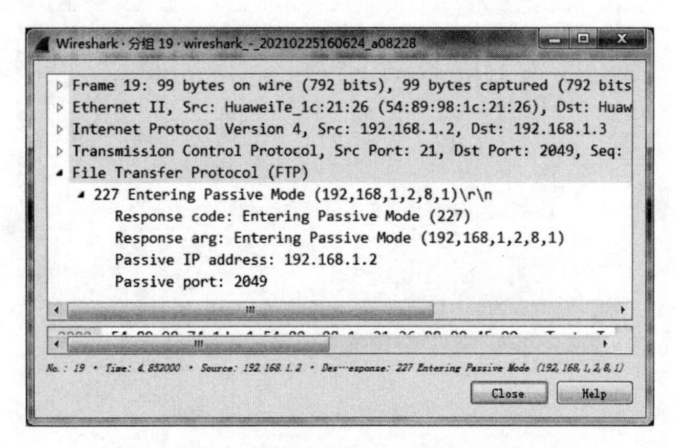

图23-4　服务器返回Response报文

在被动模式下，客户端192.168.1.3:N（N=2049）向服务器192.168.1.2:21发送“PASV命令”的Request报文，通知服务器处于被动模式。服务器收到命令后，开放被动端口P（P=2049）进行监听，然后返回Response报文如图23-4所示通知客户端，自己的Passvie IP地址是192.168.1.2，Passvie数据端口是P（P=2049）。客户端收到响应后，会通过自己的2050（N+1）号端口连接服务器的被动数据端口P（P=2049），然后在N+1号端口和P端口之间进行数据传输。

Source	Destination	Protocol	Length	Info
192.168.1.2	192.168.1.3	FTP	78	Response: 200 Type set to ASCII.
192.168.1.3	192.168.1.2	FTP	60	Request: PASV
192.168.1.2	192.168.1.3	FTP	99	Response: 227 Entering Passive Mode (192,168,1,2,8,1)
192.168.1.3	192.168.1.2	FTP	61	Request: LIST
192.168.1.3	192.168.1.2	TCP	58	2050 → 2049 [SYN] Seq=0 Win=8192 Len=0 MSS=1460
192.168.1.2	192.168.1.3	TCP	58	2049 → 2050 [SYN, ACK] Seq=0 Ack=1 Win=8192 Len=0 MS…
192.168.1.3	192.168.1.2	TCP	54	2050 → 2049 [ACK] Seq=1 Ack=1 Win=8192 Len=0
192.168.1.2	192.168.1.3	FTP	114	Response: 150 Opening ASCII NO-PRINT mode data conne…
192.168.1.2	192.168.1.3	FTP-DATA	122	FTP Data: 68 bytes
192.168.1.2	192.168.1.3	FTP-DATA	1514	FTP Data: 1460 bytes
192.168.1.2	192.168.1.3	FTP-DATA	880	FTP Data: 826 bytes
192.168.1.3	192.168.1.2	TCP	54	2050 → 2049 [ACK] Seq=1 Ack=1529 Win=6664 Len=0
192.168.1.3	192.168.1.2	TCP	54	2050 → 2049 [ACK] Seq=1 Ack=2356 Win=7365 Len=0
192.168.1.2	192.168.1.3	TCP	54	[TCP ACKed unseen segment] 2049 → 2050 [ACK] Seq=235…
192.168.1.3	192.168.1.2	TCP	54	2050 → 2049 [FIN, ACK] Seq=1 Ack=2356 Win=7365 Len=0
192.168.1.3	192.168.1.2	TCP	54	2049 → 21 [ACK] Seq=43 Ack=256 Win=7937 Len=0
192.168.1.2	192.168.1.3	FTP	115	Response: 226 Transfer finished successfully. Data c…
192.168.1.3	192.168.1.2	TCP	54	2049 → 21 [ACK] Seq=43 Ack=317 Win=7876 Len=0

图23-5　FTP被动模式下的数据传输

步骤5：选择端口模式，执行FTP登录、上传、下载文件操作，分析FTP请求报文和响应报文，查看源地址、目的地址、源端口和目的端口的变化情况，如图23-6、图23-7所示。

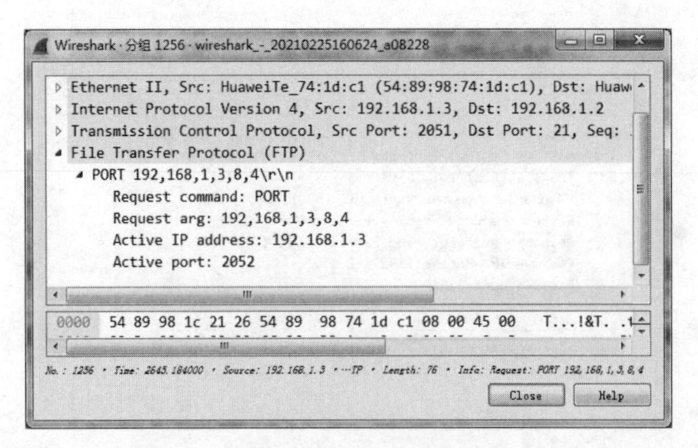

图23-6　客户端发送PORT命令的请求报文

在主动模式下，FTP客户端192.168.1.3随机开启一个大于1024的端口N（N=2051）向服务器192.168.1.2的21号端口发起连接，然后开放2052（N+1）号端口进行监听，并向服务器发出“PORT命令”的请求报文如图23-6所示，告诉服务器Active IP地址为192.168.1.3，Active端口是2052（*N*+1）。服务器接收到命令后，会用其本地的FTP数据端口20来连接客户端指定的端口2052（*N*+1），进行数据传输。

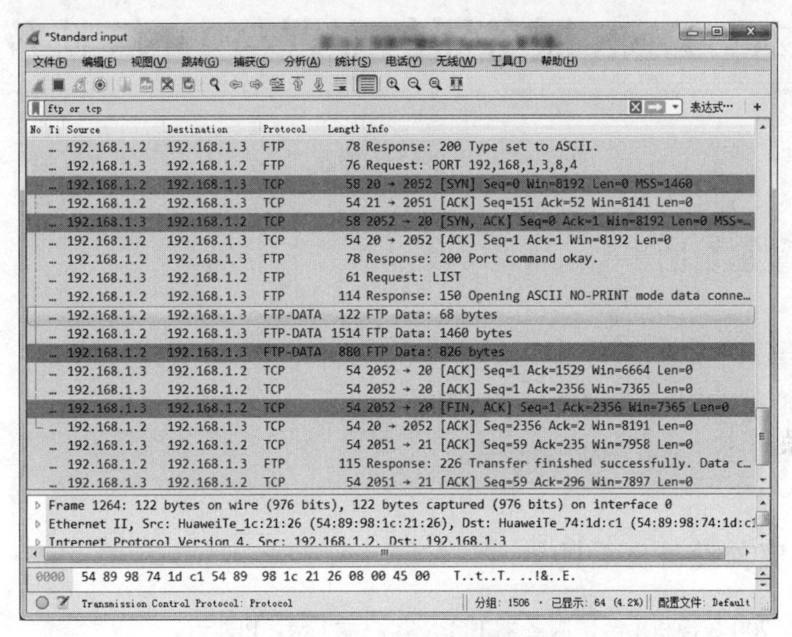

图23-7　FTP主动模式下的数据传输

七、思考·动手

（1）在自己计算机的本地连接上启用Wireshark网络抓包，在过滤器中输入ftp or tcp，分析主动模式下FTP请求报文、响应报文、FTP-DATA的端口变化关系。

（2）在自己计算机的本地连接上启用Wireshark网络抓包，在过滤器中输入ftp or tcp，分析被动模式下FTP请求报文、响应报文、FTP-DATA的端口变化关系。

实验24　DNS服务器的配置与DNS协议分析

一、实验目的

（1）理解DNS的工作原理。

（2）理解DNS协议的报文类型及结构。

（3）掌握DNS服务器的配置方法。

二、实验设备及工具

华为S5700交换机1台，服务器1台，客户端1台，PC1台。

三、实验原理（背景知识）

域名系统DNS（Domain Name System）是一个分布式数据库，也是互联网的一项服务，为互联网用户提供域名和IP地址相互映射的服务。要查找域名和IP地址的映射关系，通常有两种模式。

1. 递归查询

递归查询是DNS服务器常用的查询模式，在该模式下DNS服务器收到客户机请求，必须使用一个准确的查询结果回复客户机。如果DNS服务器本地没有存储所查询的DNS信息，那么该服务器会询问其他服务器，并将返回的最终查询结果提交给客户机。因此，递归查询返回的结果要么是查询的IP地址，要么报错。

2. 迭代查询

DNS服务器会向客户机提供其它能够解析查询请求的DNS服务器地址，当客户机发送查询请求时，DNS服务器并不直接回复查询结果，而是告诉客户机另一台DNS服务器地址，客户机再向这台DNS服务器提交请求，依次循环直到返回查询的最终结果。客户机每次迭代发出查询请求报文，对方要么给出查到的IP地址，要么告诉本地域名服务器："你下一步应当向哪个域名服务器查询"。

DNS是用来做域名解析的，把DNS数据库中每一个条目称作一条资源记录，所以一条资源记录必须包含要解析的对象（name）和解析出来的结果（value），因为缓存的关系，解析出来的结果需要一个过期时间，所以资源记录还需要TTL（time to live）值，有时需要把域名转化为IP，有时又相反，这是两种不同的过程，所以还需要资源记录类型RRT（Resource Record Type）。最常见的资源记录类型有：

（1）A记录：也称为主机记录，是主机域名到IP地址的映射，用于正向解析。

（2）PTR记录：是IP地址到主机域名的映射，用于反向解析。

（3）CNAME记录：也是别名记录，用于定义A记录的别名。

（4）MX记录：邮件交换记录，用于告知邮件服务器进程将邮件发送到指定的另一台邮件服务器。

（5）AAAA记录：用于将域名解析到IPv6地址。用户可以将一个域名解析到IPv6地址上，也可以将子域名解析到IPv6地址上。

四、实验任务及要求

如图24-1所示，一台服务器、一台客户端、一台PC通过一台S5700交换机相连。在服务器上配置了DNS服务和HttpServer服务，在客户端使用域名访问HttpServer服务器，在PC上ping服务器配置的域名。启用Wireshark网络抓包分析DNS报文。

五、实验拓扑图

实验拓扑图如图24-1所示。

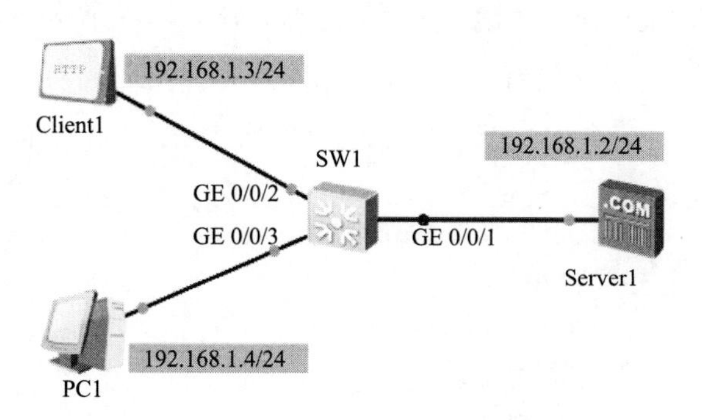

图24-1　DNS服务器的配置与DNS协议分析

六、实验步骤

步骤1：启动所有设备，见表24-1，为服务器、客户端、PC配置IPv4地址、子网掩码及DNS。

表24-1 PC、客户端和服务器的IPv4地址

名称	IPv4地址	DNS
Server1	192.168.1.2/24	
Client1	192.168.1.3/24	192.168.1.2
PC1	192.168.1.4/24	192.168.1.2
DNS 服务器	192.168.1.2/24	
www.test.com	192.168.1.2	
ftp.test.com	192.168.1.2	

步骤2：配置DNS服务器，分别添加www和ftp主机域名与IP地址的映射关系，启动DNSServer服务，如图24-2所示。

图24-2 配置DNS服务器

步骤3：配置HttpServer，启动80端口监听。在SW1交换机的GE0/0/1端口启用Wireshark网络抓包，过滤器设置为dns or udp or http。在Client1客户端使用www.test.com域名访问HttpServer服务器，返回HTTP响应结果如图24-3所示。

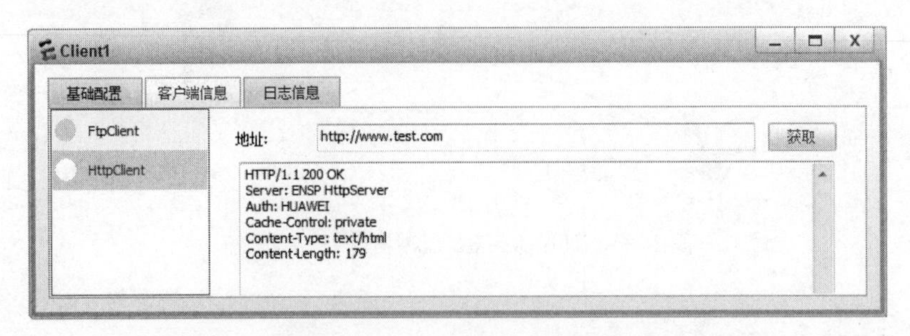

图24-3 使用www.test.com域名访问HttpServer服务器

如图24-4所示，Client1客户端（192.168.1.3:49153）首先发起DNS查询请求，向DNS服务器（192.168.1.2:53）查询www.test.com域名的A记录，DNS服务器将查询结果

以DNS响应报文返回客户端，如图24-5所示。客户端获取到HttpServer服务器的IP地址后，开始向服务器发送Http请求报文，紧接着服务器返回Http响应报文。

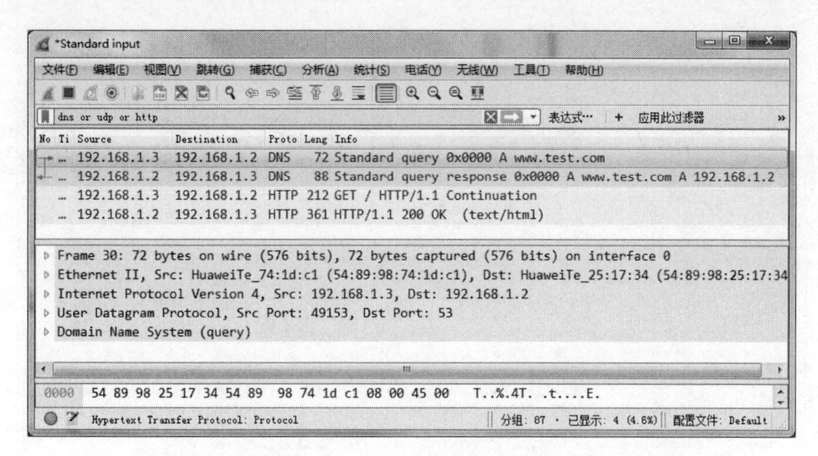

图24-4 使用www.test.com域名访问HttpServer服务器

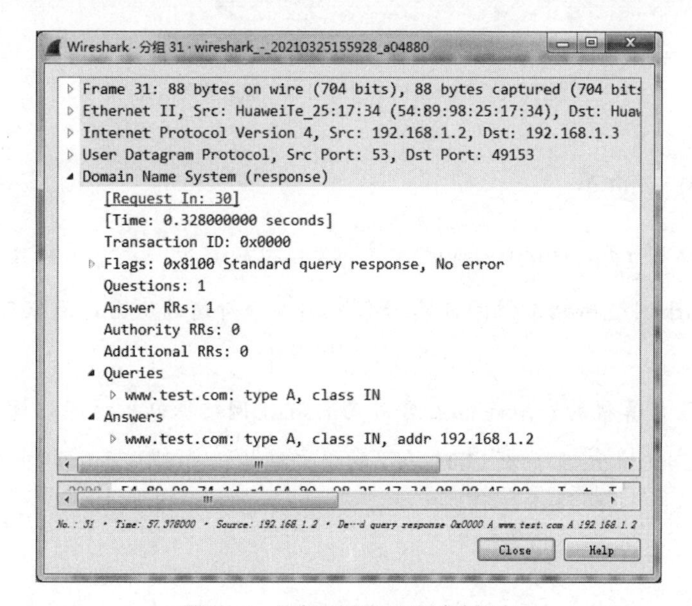

图24-5 服务器返回DNS响应报文

步骤4：在SW1交换机的GE0/0/1端口启用Wireshark网络抓包，过滤器设置为dns or udp，在PC1上执行下面命令产生UDP协议数据和DNS协议数据，分析相关协议数据。

```
PC>ping  www.test.com  -c 2
PC>ping  ftp.test.com  -c 2
```

如图24-6所示，在PC1主机上ping域名www.test.com前，先向DNS服务器发起DNS查询请求，向DNS服务器查询www.test.com域名的A记录，DNS服务器

（192.168.1.2:53）将查询结果返回客户端（192.168.1.4:46825）。客户端获取到www.test.com域名的IP地址后，开始向服务器发送ICMP请求报文，紧接着服务器返回ICMP响应报文。

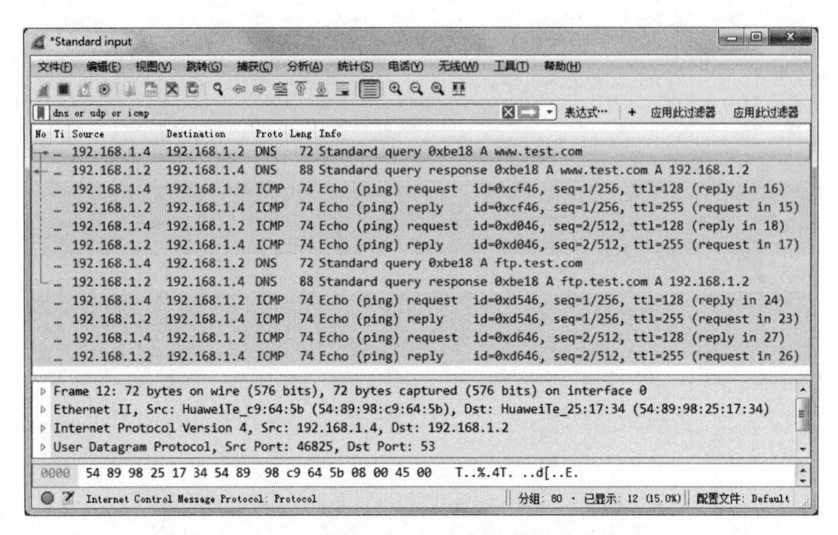

图24-6 在交换机GE0/0/1端口抓取的数据包

七、思考·动手

（1）综合使用TCP、UDP、HTTP、DNS协议的知识，在自己计算机的本地连接上启用Wireshark网络抓包，访问任意一个网站，分析通过域名访问WEB服务器的整个过程。

（2）在自己计算机的本地连接上启用Wireshark网络抓包，访问任意一个网站，在过滤器中输入udp or dns，分析UDP协议的报文结构，特别关注UDP的源端口和目的端口。

实验25　DHCP服务器与DHCP Snooping的配置

一、实验目的

（1）了解DHCP的工作原理。
（2）了解DHCP的报文类型及结构。
（3）掌握在交换机上配置DHCP服务器的方法。
（4）掌握在交换机上配置DHCP Snooping的方法。

二、实验设备及工具

华为S5700交换机3台，服务器1台，客户端1台，PC2台。

三、实验原理（背景知识）

动态主机配置协议DHCP（Dynamic Host Configuration Protocol）提供了一种动态指定IP地址和配置参数的机制，DHCP服务器自动为客户机指定IP地址及其他配置参数。

DHCP基于C/S模式，一个是服务器端，另一个是客户端。DHCP 服务器端负责处理客户端的 DHCP 请求，集中管理所有的IP网络配置参数（如IP地址、子网掩码、网关、DNS）；客户端则自动使用从服务器分配下来的IP网络配置参数。DHCP基于UDP协议工作，服务器端使用67号端口，客户端使用68号端口。

DHCP的工作原理如下：

1. 寻找 Server（DHCP Discover）

当 DHCP 客户端第一次接入网络的时候，也就是客户端发现本机没有配置IP数据时，它会向网络广播一个 DHCP Discover 数据包。

因为客户端还不知道自己属于哪一个网络，所以数据包的来源地址为 0.0.0.0，目的地址则为255.255.255.255，然后再附上DHCP Discover的信息，向网络进行广播。若得不到响应，客户端一共会有四次DHCP Discover广播。

如果都没有得到DHCP服务器的响应，客户端则会显示错误信息，宣告DHCP Discover失败。之后，基于使用者的选择，系统会继续在5分钟之后再重复一次DHCP Discover的过程。

2. 提供IP租用地址（DHCP Offer）

当DHCP服务器监听到客户端发出的DHCP Discover广播后，它会从那些还没有租出的地址范围内，选择最后面的空闲IP，连同其他TCP/IP设定，给客户端返回一个DHCP Offer数据包。

由于客户端在开始的时候还没有IP地址，所以在DHCP Discover数据包内会带有其MAC地址信息，并且有一个Transaction ID编号来辨别该数据包，DHCP服务器响应的DHCP Offer数据包则会根据这些资料传递给要求租约的客户。根据服务器端的设定，DHCP Offer数据包会包含一个租约期限的信息。

3. 接受IP租约（DHCP Request）

如果客户端收到网络上多台DHCP服务器的响应，只会挑选其中一个DHCP Offer（通常是最先抵达的那个），并且会向网络发送一个DHCP Request广播数据包，告诉所有DHCP服务器它将指定接受哪一台服务器提供的IP地址，即客户端可以用DHCP Request向服务器提出DHCP选择。

同时，客户端还会向网络发送一个ARP数据包，查询网络上有没有其他机器使用该IP地址；如果发现该IP已经被占用，客户端则会送出一个DHCP Declient数据包给DHCP服务器，拒绝接受其DHCP Offer，并重新发送DHCP Discover信息。

4. 租约确认（DHCP ACK）

当DHCP服务器接收到客户端的DHCP Request之后，会向客户端发出一个DHCP ACK响应，以确认IP租约正式生效，至此DHCP过程完成。

四、实验任务及要求

如图25-1所示，一台S5700交换机分别连接了两台DHCP服务器、一台服务器、一台客户端、两台PC。服务器、PC、客户端都处于默认VLAN1中。客户端Client1和服务器Server1为手工配置IP地址，在两台交换机上分别配置DHCP服务器，假设其中DHCP-Server1为合法的服务器，DHCP-Server2为非法的服务器，请在交换机SW-A上配置DHCP Snooping，允许PC自动配置合法的IP地址、网关和DNS。

五、实验拓扑图

实验拓扑图如图25-1所示。

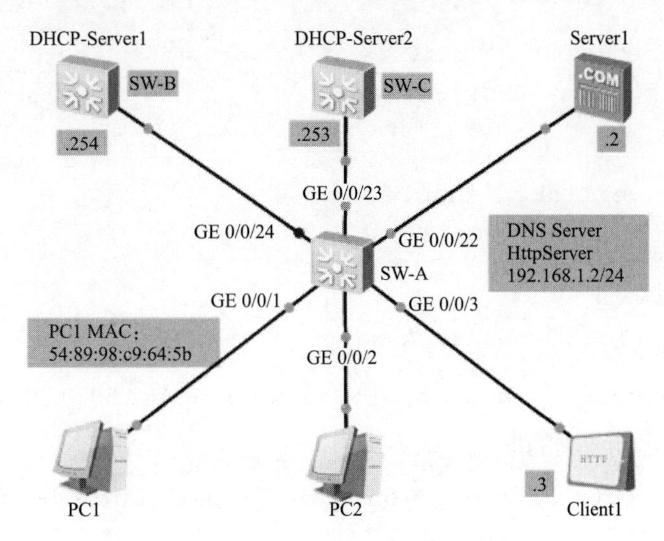

图25-1　DHCP与Snooping配置

六、实验步骤

步骤1：启动所有设备，见表25-1，为Server1、Client1配置IPv4地址、子网掩码。PC1和PC2的IPv4地址及DNS设置为DHCP方式。

表25-1　PC、客户端和服务器的IPv4地址

名称	IPv4地址	网关
PC1	DHCP	DHCP
PC2	DHCP	DHCP
Client1	192.168.1.3/24	192.168.1.1
Server1	192.168.1.2/24	
DNS Server	192.168.1.2/24	
HttpServer	192.168.1.2/24	
DHCP-Server1	192.168.1.254/24	
DHCP-Server2	192.168.1.253/24	

步骤2：在Server1上配置HttpServer服务器和DNS服务器，具体配置方法详见实验22和实验24。在Client1客户端使用www.test.com域名访问HttpServer服务器，可以收到HTTP协议响应报文。

步骤3：在交换机SW-B上配置合法服务器DHCP-Server1，从最高的地址开始分配，第一个分配的地址是192.168.1.251，（192.168.1.251~192.168.1.1）。

```
#配置合法DHCP服务器
<Huawei>system-view
[Huawei]sysname DHCP-Server1
#启动DHCP服务
[DHCP-Server1]dhcp enable
[DHCP-Server1]
#配置IP地址池
[DHCP-Server1]ip pool pool1
[DHCP-Server1-ip-pool-pool1]network 192.168.1.0 mask 24
#排除不能自动分配的地址
[DHCP-Server1-ip-pool-pool1]excluded-ip-address 192.168.1.252 192.168.1.254
[DHCP-Server1-ip-pool-pool1]excluded-ip-address 192.168.1.2 192.168.1.3
#自动分配的网关地址
[DHCP-Server1-ip-pool-pool1]gateway-list 192.168.1.1
#自动分配的DNS地址
[DHCP-Server1-ip-pool-pool1]dns-list 192.168.1.2
[DHCP-Server1-ip-pool-pool1]quit
[DHCP-Server1]
#设置VLANIF 1的逻辑地址
[DHCP-Server1]interface vlanif 1
[DHCP-Server1-Vlanif1]ip address 192.168.1.254 24
#在VLANIF 1逻辑端口下启用DHCP服务器
[DHCP-Server1-Vlanif1]dhcp select global
[DHCP-Server1-Vlanif1]quit
[DHCP-Server1]quit
#查看地址池分配的情况
<DHCP-Server1>display ip pool name pool1
<DHCP-Server1>save
```

步骤4：在交换机SW-C上配置非法服务器DHCP-Server2，从最高的地址开始分配，第一个分配的地址是192.168.1.99，（192.168.1.99~192.168.1.1）。分配的网关地址和DNS是错误的IP地址192.168.1.3。

```
#配置非法DHCP服务器
<Huawei>system-view
#修改交换机名称
[Huawei]sysname DHCP-Server2
#启动DHCP服务
[DHCP-Server2]dhcp enable
[DHCP-Server2]
#配置IP地址池
[DHCP-Server2]ip pool pool1
[DHCP-Server2-ip-pool-pool1]network 192.168.1.0 mask 24
#排除不能自动分配的地址
[DHCP-Server1-ip-pool-pool1]excluded-ip-address
192.168.1.100 192.168.1.254
[DHCP-Server1-ip-pool-pool1]excluded-ip-address 192.168.1.2
192.168.1.3
#自动分配的网关地址
[DHCP-Server2-ip-pool-pool1]gateway-list 192.168.1.3
#自动分配的DNS地址
[DHCP-Server2-ip-pool-pool1]dns-list 192.168.1.3
[DHCP-Server2-ip-pool-pool1]quit
[DHCP-Server2]
#设置VLANIF 1的逻辑地址
[DHCP-Server2]interface vlanif 1
[DHCP-Server2-Vlanif1]ip address 192.168.1.253 24
#在VLANIF 1逻辑端口下启用DHCP服务器
[DHCP-Server2-Vlanif1]dhcp select global
[DHCP-Server2-Vlanif1]quit
#查看地址池分配的情况
<DHCP-Server2>display ip pool name pool1
```

```
<DHCP-Server2>save
```

步骤5：重启PC1和PC2，以便自动获取IP地址，经测试发现PC1和PC2可以获取到DHCP-Server1分配的合法IP地址，有时也可以获取到DHCP-Server2分配的非法IP地址，如图25-2所示。

图25-2　自动配置的非法地址

步骤6：在交换机SW-A上配置DHCP Snooping，限制非法的DHCP-Server2为PC分配IP地址，只允许DHCP-Server1为PC分配合法的IP地址。

```
#在交换机SW-A上配置dhcp snooping
[Huawei]sysname SW-A
#启用DHCP
[SW-A]dhcp enable
#启用DHCP snooping
[SW-A]dhcp snooping enable ipv4
#配置上连DHCP-Server1合法服务器的可信端口
[SW-A]interface GigabitEthernet 0/0/24
[SW-A-GigabitEthernet0/0/24]dhcp snooping enable
[SW-A-GigabitEthernet0/0/24]dhcp snooping trusted
[SW-A-GigabitEthernet0/0/24]quit
#在用户终端接口启用DHCP snooping
[SW-A]interface GigabitEthernet 0/0/1
[SW-A-GigabitEthernet0/0/1]dhcp snooping enable
[SW-A-GigabitEthernet0/0/1]quit
```

```
[SW-A]
#在用户终端接口启用DHCP snooping
[SW-A]interface GigabitEthernet0/0/2
[SW-A-GigabitEthernet0/0/2]dhcp snooping enable
[SW-A-GigabitEthernet0/0/2]quit
[SW-A]quit
<SW-A>save
```

步骤7：在交换机SW-A的GE0/0/24端口启用Wireshark网络抓包，重启PC1和PC2，以便自动获取IP地址，经测试，发现PC1和PC2可以稳定得获取到DHCP-Server1分配的合法IP地址。在PC1和PC2上执行下面的命令，也能收到ICMP响应。使用Wireshark抓取到的DHCP协议数据包如图25-3所示，DHCP的过程如下。

```
PC>ping www.test.com
PC>ping ftp.test.com
```

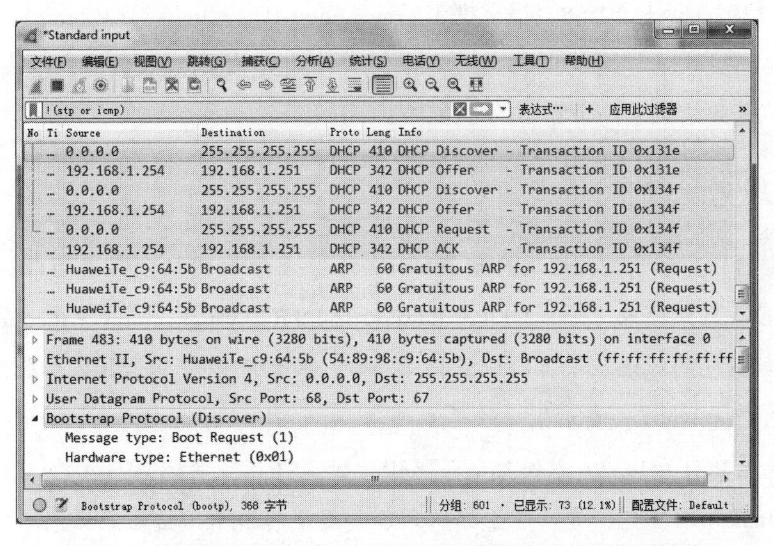

图25-3 在交换机SW-A的GE0/0/24端口抓取的DHCP协议数据包

DHCP Discover：以PC1为客户端举例，PC1发现本机没有配置任何IP数据，它会向网络广播DHCP Discover 数据包。数据包的源地址为 0.0.0.0，目的地址则为255.255.255.255，源端口为68，目的端口为67。Discover报文中携带Transaction ID为0x0000134f，Client MAC address:54:89:98:c9:64:5b。

DHCP Offer：当 DHCP 服务器（192.168.1.254:67）监听到客户端发出的 DHCP Discover 广播后，它会从空闲地址范围内，选择最后面的IP：192.168.1.251，连同其他TCP/IP 设定（子网掩码、网关、DNS），给客户端返回一个 DHCP Offer数据包，源地址为192.168.1.254，目的地址为192.168.1.251，源端口为67，目的端口为68。Offer报文中指定Transaction ID为0x0000134f，Client MAC address：54:89:98:c9:64:5b，租约期限为1 day，重新绑定时间为21小时，更新时间为12小时。

DHCP Request：客户端若收到网络上多台DHCP服务器的响应，挑选其中一个 DHCP Offer，并且向网络发送一个DHCP Request广播数据包，数据包的源地址为 0.0.0.0，目的地址则为 255.255.255.255，源端口为68，目的端口为67。报文中携带Transaction ID为0x0000134f，Client MAC address：54:89:98:c9:64:5b。告诉所有DHCP服务器它将指定接受该DHCP服务器（192.168.1.254）所提供的客户端IP 地址（192.168.1.251）。同时，客户端还会向网络发送一个 ARP 数据包，查询网络上有没有其他机器使用该 IP 地址：192.168.1.251，若没有ARP应答则默认接受，否则向服务器通告拒绝接受这个地址。

DHCP ACK：当DHCP 服务器（192.168.1.254）接收到客户端的DHCP Request之后，会向客户端发出一个DHCP ACK响应，源地址及端口为192.168.1.254:67，目的地址及端口为192.168.1.251:68，报文携带Transaction ID、Client MAC address、Client IP address、subnet Mask、网关Router、DNS服务器地址、租约时效数据，以确认 IP 租约正式生效，至此结束了一个完整的 DHCP 工作过程。

七、思考·动手

（1）重启PC1和PC2，以便自动获取IP地址，并在交换机SW-A的GE0/0/24端口启用Wireshark网络抓包，分析DHCP Discover、DHCP Offer、DHCP Request、DHCP ACK协议数据包的源地址、目的地址、源端口、目的端口分别是什么？展开各种类型Bootstrap Protocol报文，查看报文的具体内容。

（2）重启PC1和PC2，以便自动获取IP地址，并在交换机SW-A的GE0/0/23端口启用Wireshark网络抓包，查看能否抓取到各种类型的DHCP协议数据包。

参考文献

[1] 谢希仁. 计算机网络[M]. 7版. 北京:电子工业出版社,2017.

[2] 吴功宜,吴英. 计算机网络[M].4版.北京:清华大学出版社,2017.

[3] 华为技术有限公司与泰克网络实验室. HCNA网络技术实验指南[M]. 北京:人民邮电出版社,2017.

附录

附录1 华为网络实验设备一览表

设备名称	简介
S5700系列交换机 S5700-28C-HI	该系列交换机是华为公司的全千兆高性能以太交换机，定位于企业网接入、汇聚和数据中心接入等多种应用场景。S5700提供精简版（LI系列）、标准版（SI系列）、增强版（EI系列）和高级版（HI系列）四种系列的产品形态。其中LI系列为二层交换机，SI系列、EI系列、HI系列为三层交换机。S5700-28C-HI交换机是高级版千兆以太网交换机，提供灵活的全千兆接入以及万兆/4万兆上行端口。支持三层动态路由；支持RIP/OSPF/BGP；支持基于MAC/协议/IP子网/策略/端口的VLAN；支持DHCP Relay、DHCP Server、DHCP Snooping、DHCP Security等。支持堆叠，将多台交换机虚拟为一台；支持STP/RSTP/MSTP生成树协议；支持包过滤功能
S3700系列交换机 S3700-26C-HI	该系列交换机定位于企业网接入层，具有大容量、高密度、高性价比的分组转发能力。S3700-26C-HI交换机仅提供2个千兆接口，22个百兆接口。支持三层动态路由；支持RIP/OSPF/BGP；支持基于MAC/协议/IP子网/端口的VLAN；支持DHCP Relay、DHCP Server、DHCP Snooping、DHCP Security等。支持堆叠，将多台交换机虚拟为一台；支持STP/RSTP/MSTP生成树协议；支持包过滤功能
AR3200系列企业路由器 AR3260路由器	AR3200系列企业路由器可应用于大中型园区网出口、大中型企业总部或分支。AR3260带机量为1200~2000台PC；支持AP无线控制器功能，可管理无线AP；支持MAC、802.1x、Portal认证、广播抑制、ARP安全等，支持本地认证、AAA认证、RADIUS认证等；支持包过滤防火墙，支持防火墙安全域；支持IPS安全功能；支持IPSec VPN等多种VPN技术；支持URL过滤功能，可以过滤指定域名的网站；支持OSPF/ISIS/BGP等
AR2200系列企业路由器 AR2240路由器 AR2220路由器	AR2200系列企业路由器是面向中型企业总部或大中型企业分支等。AR2240带机量为800~1200台PC，AR2220带机量为400~800台PC；支持MAC、802.1x、Portal认证、广播抑制、ARP安全等，支持本地认证、AAA认证、RADIUS认证等；支持包过滤防火墙，支持防火墙安全域；支持IPSec VPN、L2TP VPN、DSVPN等多种VPN技术；支持IPS安全功能；支持URL过滤功能，可以过滤指定域名的网站

附录2　华为企业网络仿真平台（eNSP）软件简介

eNSP（Enterprise Network Simulation Platform）是一款由华为公司提供的免费的、可扩展的、图形化操作的网络仿真平台，主要对华为交换机、路由器、防火墙等真实网络设备进行仿真模拟，帮助用户快速了解并掌握相关产品的操作和配置，提升网络的规划、建设和运维能力。

一、eNSP的特点

1. 高度仿真

- 可模拟华为Sx700系列交换机、AR路由器、防火墙的大部分特性。
- 可模拟各类PC终端、云等。
- 仿真设备配置功能，快速学习华为命令行。
- 可模拟大规模设备组网。
- 可通过真实网卡实现与真实网络设备的对接。
- 模拟接口抓包，直观展示协议交互过程。

2. 图形化操作

- 支持拓扑创建、修改、删除、保存等操作。
- 支持设备拖拽、接口连线操作。
- 通过不同颜色，直观反映设备与接口的运行状态。
- 预置大量工程案例，可直接打开演练学习。

3. 分布式部署

- 支持单机版本和多机版本。
- 分布式部署环境下能够支持更多设备组成复杂大型网络。

二、eNSP下载与安装

步骤1：下载eNSP安装包、Virtualbox和Wireshark工具包。

eNSP有多个版本，本书使用的版本是eNSP V100R003C00版本，可以从华为官网或其他渠道下载。eNSP的使用需要Virtualbox、Wireshark和WinPcap三款工具包的支持，所以安装eNSP前需要事先下载Virtualbox和Wireshark工具包。

步骤2：安装eNSP。

将下载得到的eNSP V100R003C00 Setup.zip解压到指定目录，按向导提示安装即可。但是在安装eNSP前需要事先安装Virtualbox和Wireshark工具包，特别注意Virtualbox不能选高版本6.0.8，可以选择5.2版本，此外，安装路径不能出现中文路径。安装Wireshark工具包时会自动安装WinPcap工具包。

三、eNSP启动与设置

步骤1：启动eNSP。

eNSP对运行环境的配置有要求，eNSP上每台虚拟设备都要占用一定的资源。每台电脑支持的虚拟设备数，根据硬件配置的不同而有差别。每台设备启动之后占用300MB左右的内存，如果电脑内存越大，eNSP上能同时运行的设备也就越多。在内存较小的机器上建议不要启动太多设备。

步骤2：注册eNSP设备。

打开eNSP，不要添加任何模拟设备，直接单击“菜单—工具—注册设备”，将右侧所有设备勾选，单击“注册”即可。

步骤3：eNSP设置。

打开eNSP，直接单击“菜单—工具—选项”，可以对eNSP的界面、CLI、字体、服务器、工具进行个性化设置。